赤泥资源化利用理论及技术

房永广　龚景仁　著

中国建材工业出版社

图书在版编目（CIP）数据

赤泥资源化利用理论及技术 / 房永广，龚景仁著

. --北京 ：中国建材工业出版社，2020.7

ISBN 978-7-5160-2894-0

Ⅰ.①赤…　Ⅱ.①房…②龚…　Ⅲ.①赤泥一资源利用一研究　Ⅳ.①TF821

中国版本图书馆CIP数据核字（2020）第062621号

内容简介

本书围绕氧化铝工业产生的大宗固体废物——赤泥，以赤泥资源化的原理及应用技术为重点，分为8章进行了阐述，包括绪论、赤泥粉体、赤泥铁资源、赤泥建材资源、赤泥氯氧镁板材、赤泥陶粒、赤泥基地聚物材料、赤泥环保材料，汇集了作者多年的研究成果。本书内容涵盖了实用性技术——赤泥粉体、赤泥板材、赤泥陶粒，又提出了新的赤泥资源化利用方向——赤泥聚合物技术。

本书可以作为工程技术人员指导用书，也可以作为科研人员的参考用书。

赤泥资源化利用理论及技术

Chini Ziyuanhua Liyong Lilun Ji Jishu

房永广　龚景仁　著

出版发行：中国建材工业出版社

地　　址：北京市海淀区三里河路1号

邮　　编：100044

经　　销：全国各地新华书店

印　　刷：北京雁林吉兆印刷有限公司

开　　本：710mm×1000mm　1/16

印　　张：7.5

字　　数：140千字

版　　次：2020年7月第1版

印　　次：2020年7月第1次

定　　价：**58.00元**

本社网址：www.jccbs.com，微信公众号：zgjcgycbs

请选用正版图书，采购、销售盗版图书属违法行为

作者简介

房永广，男，1979年生，山东临沭人，工学博士，硕士研究生导师。2010年毕业于武汉理工大学材料复合新技术国家重点实验室材料学专业。2010年入职山东建筑大学材料学院，从事生态绿色建材相关的教学科研工作。以第一作者在国内外刊物发表学术论文10余篇，EI收录论文4篇，出版教材1部，获得授权发明专利3项，发明专利成果转化给企业1项。承担各类科研经费累计80余万元。主持校企共建固体废弃物产学研基地、人防技术产学研基地两项。2017年7月至2018年8月在清华大学做访问学者。2018年9月至今，被学校选派到山东省“千名干部下基层”民营企业高质量发展服务队工作。

龚景仁，1965年生，青岛核盛智环保设备有限公司董事长。中国核工业华东地质局“新长征突击手”，核工业华东地质局和山东省国防科工办“劳动模范”，山东省国防工业系统“优秀共产党员”，烟台市“五一”劳动奖章获得者，烟台市十大杰出青年企业家、山东省劳动模范、中国十大杰出赣商、中国工业经济十大杰出人物，2009、2010年烟台市优秀人大代表，2011年度建设幸福山东杰出领军人物。

前　言

随着新型工业化及城镇化建设的快速发展，我国铝行业和氧化铝产业都迎来了大发展机遇期。我国拥有较丰富的铝土矿资源，迄今已探明保守储量23亿t，位居世界第4位，也是世界上最大的氧化铝（aluminium oxide）生产国，截至2019年8月底，国内生产氧化铝4988.3万t，预计全年产量达7500万t，产能占全球产能一半以上。氧化铝是铝土矿经过加工后的一种工业原料，化学式为Al_2O_3，是一种高硬度的化合物，熔点为2054℃，沸点为2980℃，在高温下可电离的离子晶体，广泛应用于电解铝、陶瓷、医药、电子、机械、汽车等行业。我国大约90%的氧化铝用于电解铝的生产，通常每2t氧化铝可以生产1t电解铝。

拜耳法赤泥（以下简称赤泥）是铝土矿生产氧化铝过程中产生的废弃物，其平均粒径较细，属于Ⅱ类一般工业固体废物，总量大，且赤泥本身和附液都含碱，对环境有一定危害。依据铝土矿品位差异，每生产1t氧化铝，会产生0.9～1.6t赤泥。2019年，我国产生赤泥约1亿t，累积堆存量超过8亿t。国际上对赤泥主要采用堆存覆土的处置方式，实际利用量很少。国内对赤泥开展了很多研究，由于未考虑赤泥活性低、碱性强等原因，大部分赤泥制品中的游离碱在毛细作用下随水分向外迁移导致严重返碱现象，造成产品应用局限性较大，综合利用率仅有4.5%左右。

赤泥不仅堆积量巨大，而且长期堆存污染环境，为了推动赤泥的利废减害，才催生了本书的撰写和出版。希望本书的出版能为赤泥综合利用技术的研发及应用实践起到一点促进作用。赤泥的资源化利用可消纳堆积量巨大的赤泥，而且有助于拓展建材原材料的来源，同时节约不可再生的自然资源，进而促进氧化铝行业可持续发展，显著提高企业竞争力，具有广泛、深远的社会效益。

本书的第1～5章、第7章由房永广撰写，第6章、第8章由龚景仁撰写。在成书的过程中，山东建筑大学材料科学与工程学院以及山东省民营企业高质量发展服务队的领导给予了大力支持。在全书统稿、标注和校对过程中，龚景仁及其同事付出了大量的努力，在此表示感谢。同时在本书的编著过程中参考了大量的国内外文献资料，由于时间仓促，未能一一列出，在此，向所有资料的作者，一并表示感谢。本书的出版得到青岛核盛智能环保设备有限公司的大力资助，在此表示感谢。

限于作者水平，书中不足与疏忽之处在所难免，敬请专家、学者和读者批评指正。

著者

2019年10月于山东建筑大学

目　录

第1章　绪　　论

1.1　概述

氧化铝行业是国民经济中重要的有色金属中间原料产业。我国第一座氧化铝厂（山东氧化铝厂）在1954年7月1日建成投产，年产能仅为3.5万t；最近10年，我国氧化铝行业得到飞跃式的发展；其中，2012—2018年，年均复合增长率9.5%，2018年我国氧化铝产量已达7057万t，占全球总产量的54.7%，截至2019年3月，我国氧化铝建成总产能突破1亿t，氧化铝行业的发展有利地促进了我国现代化事业的高质量发展进程（我国主要氧化铝项目及产能见书后所附内容）。预计2020—2021年将成为中国氧化铝行业的转折点，氧化铝厂很有可能重新布置在沿海地区，以便于利用国外铝土矿资源，预计到2026年我国铝土矿进口量将达到1.2亿t[1]。

赤泥是以铝土矿为原料生产氧化铝过程中产生的颗粒极细、强碱性固体废物，属于Ⅱ类一般工业固体废物，对环境有一定危害作用（图1-1）。氧化铝生产工艺分为拜耳法、烧结法、联合法。依据铝土矿品位差异，每生产1t氧化铝，会产生0.6～1.6t赤泥。拜耳法主要处理高品位铝土矿，经过高温碱溶，铝土矿中的氧化铝转变成可溶性的铝酸钠，经过分离、结晶、焙烧等工序得到氧化铝，拜耳法赤泥的产出率为0.2～1.0。中铝山东铝业公司采用低温拜耳法处理马来西亚铝土矿，溶出率达96%，赤泥产出率仅为0.2～0.3。烧结法针对铝硅比较低的铝土矿，在窑内经高温烧结后，再经溶解、结晶、焙烧等工序生产氧化铝，烧结法赤泥的产出率为1.0～1.6，也有达到2.1的。为充分利用铝土矿及再利用拜耳法赤泥中氧化铝和碱金属，将拜耳法和烧结法联合使用称为联合法，分为串

图1-1　赤泥

联法、并联法、混联法。目前，全世界每年产生赤泥约 1.6 亿 t，截至 2019 年 8 月底，2019 年我国生产氧化铝 4988.3 万 t，估计全年产量达 7500 万 t，产生赤泥约 1 亿 t，累积堆存量将超过 8 亿 t，而赤泥综合利用率仅为 4%左右。2017 年世界铝土矿产量及赤泥排放量（干）见表 1-1[2]。

表 1-1　2017 年世界铝土矿产量及赤泥排放量（干）

排名	国别	铝土矿产量（万 t）	间接干赤泥最小排放量（万 t）	间接干赤泥最大排放量（万 t）
1	澳大利亚	8300	5976	14608
2	中国	6500	4680	11440
3	几内亚	4500	3240	7920
4	巴西	3600	2592	6336
5	印度	2700	1944	4752
6	牙买加	810	583.2	1425.6
7	俄罗斯	560	403.2	985.6
8	哈萨克斯坦	500	360	880
9	沙特阿拉伯	390	280.8	686.4
10	印度尼西亚	360	259.2	633.6
合计		28220	17978.4	49667.2

由于赤泥碱含量高、活性低，国际上对赤泥主要采用堆存覆土的处置方式，造成大量资源闲置浪费；国内对赤泥作为建材资源开展了很多研究，由于未充分考虑赤泥的强碱性，致使大部分赤泥建材制品不能有效利用。赤泥大量堆放不仅占用大量的耕地，而且赤泥本身和附液都含碱，造成碱液渗入地下、污染地下水源，加速了生态环境的恶化。如何有效提高赤泥利用率，实现氧化铝行业的可持续发展，减轻赤泥对环境的危害是一项长期而艰巨的任务。

1.2　赤泥性质

1.2.1　物理性质

赤泥是一种灰色或暗红色的粉状物料，颜色因氧化铁含量不同而有所差异。赤泥持水量高，干燥失水后不发生收缩，同时没有膨胀性，呈软塑或流塑状态，堆放多年不结团。赤泥的物理性能指标见表 1-2。

表 1-2　赤泥的物理性能指标

密度（t/m^3）	熔点（℃）	碱度（pH 值）	粒度（mm）	表观密度（t/m^3）	比表面积（m^2/g）	塑性指数	空隙比	持水量（%）
2.3～2.9	1200～1250	10～12	0.08～0.25	0.8～1.0	64.1～186.9	17～30	2.53～2.95	79～93.2

1.2.2 化学成分

赤泥的化学成分比较复杂，主要包括 Na_2O、Al_2O_3、Fe_2O_3、SiO_2、CaO 等。此外，含有一些稀土元素和微量放射性元素，如钛、铼、镓、钇、钪、钽、铌、铀、钍和镧系元素等[3]。在各类赤泥中，拜耳法赤泥中 Fe_2O_3、Al_2O_3 含量最高，Na_2O 及 CaO 含量次之；联合法和烧结法赤泥的成分大致相同，Fe_2O_3 和 Al_2O_3 的含量较低；烧结法赤泥主要成分为 CaO 和 SiO_2，碱含量较低；联合法赤泥碱含量最高。赤泥含有较高的阳离子交换能力（CaO、MgO 及 Na_2O 等），为 210～570mol/kg，高于膨胀土和高岭土，能够有效地吸附 SO_2、NO_2、H_2S 等污染气体，可代替石灰处理废气，还可以作为一种低价吸附剂用于吸附废水中的氟化物、砷、PO_4^{3-} 等有害离子，起到净化废水的作用[4]。

1.2.3 矿物组成

赤泥的矿物组成比较复杂，主要源于生产过程中高温形成的不溶性矿物和溶出过程水解产生的衍生物和二次副反应形成的新生矿物[2][3]。拜耳法赤泥主要含赤铁矿、针铁矿、水合铝硅酸钠、方钠石、钙霞石、水化石榴石、石英等；烧结法赤泥主要含硅酸钙、水化石榴石、水合铝硅酸钠、赤铁矿等。烧结法赤泥由于经过 1200℃高温煅烧，其中含有大量的 $2CaO \cdot SiO_2$ 等活性矿物组分，可以直接小部分配加砂岩、石灰石等制备水泥生料，应用于建筑材料生产。拜耳法由于采用强碱溶出工艺，赤泥中不存在 $2CaO \cdot SiO_2$ 等活性成分，且含铁高、耐腐蚀性差，不适宜直接用于建材行业。赤泥矿物组成以无定形类黏土矿物为主，物理性质与黏土类似，属于亚黏土，可用于生产多孔陶瓷滤球、陶粒石油支撑剂等符合国家标准的产品[5]。

国内外赤泥矿物相组成见表 1-3。

表 1-3 国内外赤泥矿物相组成（wt%）[6]

烧结法		拜耳法		国外拜耳法	
原硅酸钙	25.0	一水硬铝石	2.0	赤铁矿	35.0
水合硅酸钙	15.0	水合石榴石	46.0	钙霞石	30.0
水化石榴石	9.0	钙霞石	12.0	针铁矿	5.0
方解石	26.0	赤铁矿	18.0	钙铁矿	6.0
含水氧化铁	7.0	钙铁矿	14.0	方解石	3.0
霞石	7.0	伊利石	1.8	水合石榴石	10.0
水合硅酸钠	5.0	—	—	—	—
钙钛铁矿	3.0	—	—	—	—

1.2.4　颗粒组成

赤泥颗粒主要为粉粒和黏粒[5]，其中粉粒平均含量为 40.79%，黏粒组（包括胶粒）平均含量为 22.4%，接近黏质粉土或者粉质黏土的颗粒组成，不均匀系数平均值为 66.7，曲率系数平均值为 3.39，均匀性差。赤泥 SEM 图显示赤泥颗粒形状、大小不均匀，当放大倍数为 2000 倍时，赤泥颗粒以扁平状、球状为主，呈表面粗糙、具有较大空隙率的凝胶状态；放大 27000 倍时，赤泥表面粗糙、呈结晶态[6]（图 1-2）。

图 1-2　赤泥 SEM 图

某铝厂赤泥经过粒度组成筛析后见表 1-4。

表 1-4　某铝厂赤泥的粒度组成（wt%）

产品名称（目）	产率（%）	产品名称（目）	产率（%）
＞100	24.5	＜200 且＞360	6.3
＜100 且＞200	5.8	＜360	63.4

由表 1-4 知，赤泥粒度分布呈两极分化，绝大多数是微细颗粒；＜100 目且＞360 目粒级占少部分（12.1%），大约 1/4 为＞100 目级别，大约 2/3 为＜360目细粒级。赤泥粒度细、比表面积大及钠离子多的特点，使得赤泥 PVC（聚氯乙烯）具有较强的耐热、抗老化性能，赤泥 PVC 为普通 PVC 寿命的 2～3 倍。

1.2.5　赤泥碱性

拜耳法赤泥中的碱主要以两种形式存在：一种为以 NaOH、铝酸钠、Na_2CO_3 等形式存在的可溶性碱（附着碱）[7]；另一种为以含水铝硅酸钠形式存在的非可溶性碱（化合碱）。由于赤泥富含大量的碱增加了浆体的黏稠度，泵送阻力大，不具有良好的输送性能，经过滤脱水后以干堆的形式存放，为了防止碱液渗透到地下，堆场防渗处理要求较高。具体的碱含量引用山东铝业公司在《赤泥做铝电解槽用保温材料的研究与应用》中对不同种类赤泥碱含量的调查结果，具体数据见表 1-5、表 1-6。赤泥具有一定的活性碱，能够激发粉煤灰、矿渣等材料的火山灰活性，作为建材胶凝材料、路基材料使用。

表 1-5　国内赤泥中碱含量分析（wt%）

赤泥种类	拜耳法赤泥	烧结法赤泥	联合法赤泥
SiO_2	3～20	20～23	20.0～20.5
CaO	2～8	46～49	43.7～46.8
Al_2O_3	10～20	5～7	5.4～7.5
Fe_2O_3	30～60	7～10	6.1～7.5
MgO	—	1.2～1.6	—
Na_2O	2～10	2.0～2.5	2.8～3.0
K_2O	—	0.2～0.4	0.5～0.7
TiO_2	微量～10	2.5～3.0	6.1～7.7
烧失量	10～15	6～10	—

表 1-6　世界氧化铝厂的赤泥典型成分（wt%）

成分	希腊	美国	德国	匈牙利	日本
Al_2O_3	14.69	16～20	24.73	16.3	17～20
Fe_2O_3	45.58	30～40	30	39.7	39～45
SiO_2	7.85	11～14	14.06	14	14～16
TiO_2	5.96	10～11	3.68	5.3	2.5～4
CaO	13.25	5～6	1.15	2.0	—
Na_2O	—	6～8	8.02	10.3	7～9
烧失量	9.48	10～11	9.66	10～12	10～12

1.3　赤泥资源

1.3.1　赤泥微量元素

铝土矿中富含镓、钛、钪等有价稀有金属元素，提取氧化铝之后赤泥中的多种元素得到了不同程度的富集。从元素周期表可以知道，镓与铝为同族元素，因而在很多铝的各种矿物中都有镓的存在。目前，自然界中没有找到单独存在的镓金属，据研究表明，世界上九成以上的金属镓伴生在铝土矿里，储量达百万吨以上，我国的山西、广西铝土矿中，GaO 含量为 0.006%～0.015%[8]。世界上 90%以上的金属镓是在氧化铝生产的过程中提取的，中国铝业公司成功开发了从铝酸钠溶液中经济地回收镓的关键技术，并成为全球最大的原生镓生产商。

铝土矿是钪的主要潜在资源，目前探明 193 万 t 的钪储量中，有 75%～80%

伴生在铝土矿中，其中98%的钪在氧化铝生产过程中富集于赤泥，其Sc_2O_3含量可达0.02%。赤泥中的钪有三种存在状态：一是以离子化合物形式赋存于矿物晶格中；二是以类质同象置换形式分散于矿物中；三是以离子状态吸附于某些矿物表面或赤泥颗粒间。其中，类质同象置换是其在赤泥中的主要存在形式。目前，针对赤泥中钪元素的提取主要有以下5种方法：（1）还原熔炼-炉渣浸出工艺；（2）直接酸浸提取工艺（多采用50%的硫酸或浓盐酸）；（3）废酸洗液浸出；（4）碳酸盐或硼酸盐熔融-酸浸工艺；（5）硫酸化焙烧-浸出工艺[9]。

赤泥中钛含量丰富，主要以钛铁矿、锐钛矿、钙钛矿与钛氧化物复合形式存在。中铝贵州分公司氧化铝厂产出的拜耳法赤泥中TiO_2含量为5.67%，印度赤泥TiO_2含量更是高达24%。山东铝业公司采用重力选矿除去硅渣，使TiO_2富集到20%以上。再以硫酸选择性浸出钛渣，经过酸解制备钛液，晶种分解得到水合TiO_2，烘干煅烧得到颜料级钛白粉；随着钛工业对钛资源需求的日益增大，赤泥作为一种富钛资源，具有重要的综合回收意义[10]。

溶液浸出法是从赤泥中提取稀有元素的有效方法。通常采用还原熔炼法、硫酸化焙烧法、非酸洗液浸出法、碳酸钠溶液浸出法等，具体是先将赤泥经过沸腾炉还原，然后采用“酸浸-提取”工艺，从浸出溶液可以萃取锆、钪、铀、钍和稀土类元素。

1.3.2 赤泥铁元素

拜耳法赤泥中铁元素具有较大经济价值，随机取样化验分析表明，矿样中T_{Fe}为27.3%。<400目含量占60%以上，>40目含量占9.65%左右。为分析赤泥中铁元素的分布情况，取赤泥矿样500g，用网目分别为360目、200目及100目的筛子进行筛析试验，各粒级中铁元素的分布情况见表1-7。

表1-7 各粒级中铁元素的分布（wt%）

产品名称（目）	T_{Fe}（%）	分布率（%）
>100	36.84	31.81
<100且>200	35.60	7.28
<200且>360	34.11	7.57
<360	23.87	53.34

由表1-7知，赤泥粒度分布呈两极分化，绝大多数是微细粒级别，<100目且>360目粒级占少部分，大约1/3为>100目级别。铁分布比较均匀，细粒级中铁含量占50%以上，这部分铁回收比较困难，可回收的铁主要分布在360目以上粒级中。

1.3.3 放射性元素

铝土矿常伴生U、Th等放射性元素，主要赋存于锆石和独居石相中。锆石属硅酸盐矿物，含有放射性 Hf、Th、U、Tr 等混入元素，具有弱放射性。独居石是一种含 Ce 和 La 的磷酸盐矿物，因含有钍、铀和镭等元素而具有放射性。混有锆石和独居石铝土矿提取氧化铝后，90%以上的放射性元素都富集在赤泥中，从而导致赤泥的放射性普遍偏高[11]。赤泥所含放射性物质会辐射危害堆放场附近的人和动植物[12]，从而对周围环境造成放射危害。

1.4 赤泥的环境危害

目前，国外氧化铝厂大部分将赤泥输送堆场，筑坝堆存，溶液靠自然沉降分离返回利用[13]。国内氧化铝厂都已经实现压滤机或者过滤机把赤泥脱水后输送到堆场，通过堆场底部防渗处理后实现干法堆存。但是，赤泥的堆存占用大量土地，建设和维护费用耗费较大，以堆存 20 万 t 赤泥为例，堆存用地约 40 亩，征地费按每亩 20 万元计，征地费将达 800 万元。赤泥中的碱液会向坝底渗透，造成地下水体的污染和土壤污染，而且裸露赤泥容易形成粉尘随风飞扬，导致污染大气，对人类和动植物的生存造成负面影响，严重恶化生态环境。

参考文献

[1] 2019 年中国氧化铝行业发展趋势及市场前景预测，华经情报网，2018.12.25.

[2] 李方文. 赤泥质多孔陶瓷滤料表面改性及其在水处理中的应用研究[D]. 武汉：武汉理工大学，2008.

[3] 于水波，董菲，杨晓玲 . 赤泥综合利用的工业化方法简述[J]. 中国金属通报，2019(04)：192-193.

[4] Radmila Milačič，Tea Zuliani，Janez Ščančar. Environmental iMPact of toxic elements in red mud studied by fractionation and speciation procedures[J]. Science of the Total Environment，2012(426)：359-365

[5] 柳晓，韩跃新 . 赤泥的危害及其综合利用研究现状[J]. 金属矿山，2018(11)：7-12.

[6] 黄迎超，王宁，万军，等 . 赤泥综合利用及其放射性调控技术初探[J]. 矿物岩石地球化学通报，2009(2)：128-130.

[7] 薛生国，李晓飞，孔祥峰，等 . 赤泥碱性调控研究进展[J]. 环境科学学报，2017，37(8)：2815-2828.

[8] 高建阳，杜善国 . 高铁赤泥提取 TiO_2 试验研究[J]. 有色冶金节能，2017(04)：20-23.

[9] 覃铭，赵大力 . 赤泥的性质及其资源化利用途径探究[J]. 化工管理，2016(3)：61-62.

[10] 竹涛，王若男，金鑫睿，等 . 以废治废—铝厂固废赤泥治理工业废气二氧化硫的应用研究[J]. 有色金属工程，2019，9(07)：109-114.

[11] 杨重愚 . 氧化铝生产工艺学[M]. 北京：冶金工业出版社，1993.

[12] 刘述仁，谢刚，李荣兴，等 . 氧化铝厂废渣赤泥的综合利用[J]. 矿冶，2015(3)：72-75.

[13] 王延玲，于存贞. 赤泥资源化应用技术关键及最新应用展望[J]. 轻金属，2019(03)：13-15.

第2章　赤泥粉体

2.1　赤泥粉体

2018年，我国塑料制品累计产量达6042万t。粉体填充塑料制品年产量已超过3000万t，各种规格塑料填充粉体在4000万t以上。重质碳酸钙是使用数量最大、应用面最广的塑料填充粉体，贺州市年产重钙粉体850万t，占全国产能35%，为国内最大的重钙粉体基地，其次是高岭土、滑石粉，年产约700万t和250万t左右，约50%用于塑料充填行业[1]。随着塑料行业的发展，粉体填料的需求量进一步增加，特别是矿物填料属于不可再生资源，资源紧缺造成价格持续走高，利用固废作为填料具有广阔的市场空间。

赤泥属于“亚黏土”，颗粒较细、软质，经干燥、磨粉、分级后的粉状物料为赤泥粉体。赤泥具有高碱性、颗粒细等优点。赤泥粉体作为橡塑填料使用，具有热稳定性能好、补强作用强、阻燃性能好、抗老化性能好和成本低、用途广等优势。赤泥粉体富含大量多孔性颗粒，多孔颗粒与橡塑可高比例填充。经过表面处理的赤泥与橡塑具有良好的界面结合，橡塑复合制品力学性能优异[2]。

2.2　赤泥粉体加工

2.2.1　赤泥分级技术

赤泥粒径呈两极分化状态，细度325目以下的约占2/3，可按0.038mm粒度进行分类，分成粗颗粒和细颗粒两大类[5]。赤泥经过分级、浓缩、脱水、烘干、打散后可作为塑料填料使用。

赤泥浆体采用直径小、锥角小的脱泥旋流器，通过增大颗粒的离心加速度（与半径成反比）和在旋流器内的停留时间，并采取低给料浓度和高给料压力，将进料赤泥分成底流粗粒级和溢流细粒级。底流粗赤泥富含SiO_2等成分，经过过滤脱水后可作为生产建材产品的原料。赤泥溢流细粒级进入浓缩旋流器，采用大直径、大锥角旋流器，在较高给料压力下进行固液分离，浓缩旋流器的底流为浓缩赤泥浆，进入真空带式脱水机进行脱水处理。脱水赤泥送入烘干机进行烘干后，进入粉体解聚打散机进行打散分散。

旋流器原理如图 2-1 所示。

2.2.2　赤泥粉磨技术

赤泥在堆场经过晾晒后，经过输送设备送至储料斗。经给料机将赤泥均匀定量连续地送入立式磨机室进行辊压研磨。研磨后的物料被（热）风机气流送入选粉机内进行分级，在选粉机叶轮的作用下，不符合细度要求的物料落入磨室重新碾磨，符合细度要求的物料则随气流经管道进入旋风集粉器，进行分离收集，经排料装置排出即赤泥粉体。

粉磨流程原理与烘干粉磨流程原理如图 2-2、图 2-3 所示。

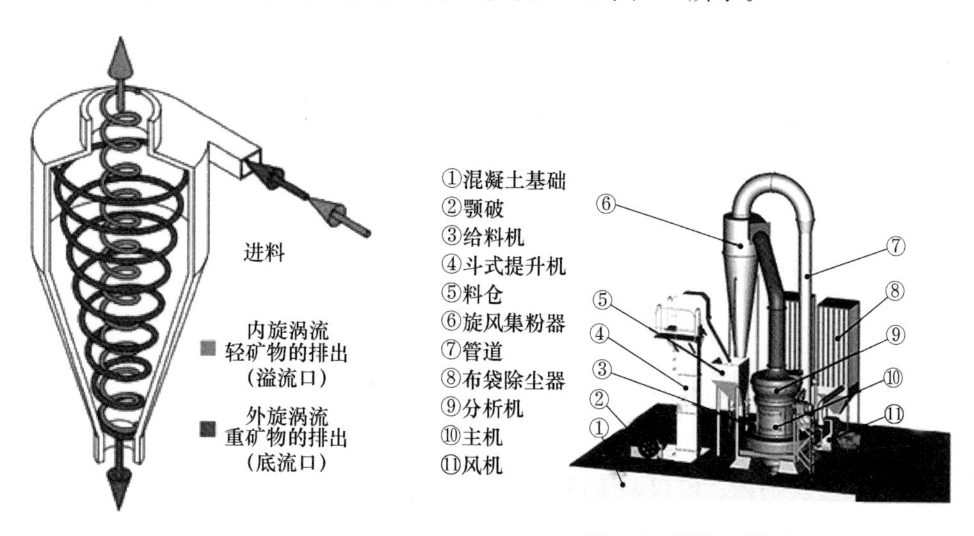

图 2-1　旋流器原理

图 2-2　粉磨流程原理

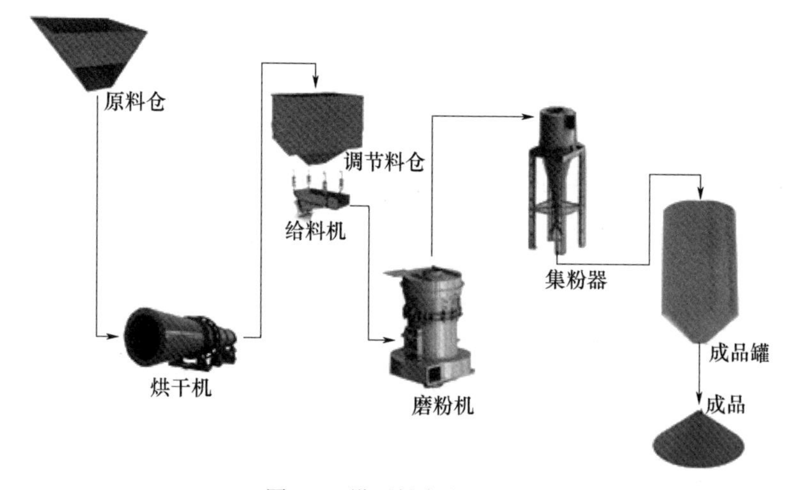

图 2-3　烘干粉磨流程原理

2.2.3　赤泥粉体改性

赤泥具有较大比表面积和表面自由能，在加工过程中表现出很大的黏性，很容易发生抱辊和黏辊。对赤泥进行表面改性处理，可减轻赤泥粉体的黏聚性，提高赤泥粉体的分散性能，改善赤泥粉体加工性能等[3][4]。用硬脂酸盐类和石蜡对赤泥表面进行改性，可改善赤泥在 PVC 中的分散性能。赤泥添加偶联剂进行表面改性，偶联剂化学键结合在赤泥橡塑复合材料中起到异相连接作用，与橡塑基体发生脱水反应形成共价键连接，使赤泥中无机组分充分和有机结构结合，同时增加熔体流动速率，实现与基体更好地相容[9]。使用偶联剂中钛酸酯对赤泥的改性效果比硅烷偶联剂要好，复合偶联剂的改性效果要优于单一偶联剂。随着偶联剂用量的增大，改性效果明显提高。主要原因在于赤泥复杂的组成特性，形成了以硅氧基团、铝氧基团、赤铁矿等为主的复杂体系，由于偶联剂基团的选择性，单一偶联剂对赤泥的改性效果有限，而复合偶联剂则可以形成对赤泥颗粒中不同基团的耦合改性[17]。

2.3　赤泥粉体性质

2.3.1　赤泥增强性能

由于赤泥含赤铁矿、钙钛矿和钠盐等成分，具有较强的表面活性；加之赤泥微粒的多孔絮状结构，所以与 PVC 有良好的浸润性和亲合力。在加工过程中，赤泥被 PVC 严密包裹且相互有韧带连接，柔性的 PVC 链段向赤泥的孔道扩散，使赤泥-PVC 复合材料具有较强的界面结合力[6]。因此，在一定的填量范围内，随着赤泥组分增加，材料的密度、硬度和弯曲强度逐渐增加，对 PVC 起到补强作用，而拉伸强度和冲击强度逐渐下降。树脂呈连续相，增加填料量使材料中的树脂量减少，削弱了高聚物大分子间的次价力。通过对软硬材质产品的热氧老化、大气自然老化和气候加速老化试验结果，证明了赤泥粉体比一般无机填料的 PVC 塑料更具有抗光、热老化性能[7][10]。

2.3.2　赤泥热稳定性能

赤泥中的 TiO_2、Fe_2O_3 具有光屏蔽作用，如 Fe_2O_3 对波长 300～400nm 范围的紫外光可全部吸收，这是由于过渡金属中的电子跃迁所引起的光吸收，并将光能转变为热能逸散出来，因而对橡塑有紫外光吸收屏蔽作用。除 TiO_2、Fe_2O_3 以外，SiO_2 及其化合物也有一定的光屏蔽作用。

赤泥中的游离碱对 PVC 的抗热老化性能起重要作用，赤泥中的 Na_2O 等碱金属氧化物，能与 PVC 热分解时所脱出的 HCl 迅速反应，起到抑制 PVC 的进一步分解。PVC分子中（—CH_2—CH—Cl—）$_n$ 存在C—Cl弱键，当受热作用时，会脱去HCl而形成共轭双键或自身环化，出现降解现象。其降解过程是自催化过程。降解所释放出的HCl是进一步降解的催化剂，赤泥中的游离碱能中和吸收HCl，避免自催化，减缓材料的进一步降解，赤泥PVC的抗热老化性能随游离碱含量的增加而提高[11]。

赤泥的热稳定性作用，使得赤泥PVC的热寿命比普通PVC寿命延长。普通PVC在140℃温度下老化710h后，原来的致密均匀结构变成散状颗粒结构，有些碳化颗粒还附在上面，并出现裂缝，又由于脱HCl形成聚烯烃结构，继而产生CO_2，最后碳化，结果使其断面层中出现空洞，材料强度急剧下降。而赤泥PVC在同样条件下老化后的形貌变化不像普通PVC那样明显。老化后赤泥PVC由原来的纤维"长条"比较密集的结构变成紧密的颗粒堆积结构，局部位置也有裂缝，经放大看仍有保持纤维状"长条"的地方，但数量很少[12]。

赤泥所含其他金属氧化物和盐，特别是类胶体结构，也有抗热老化作用[11]。它们虽然不中和HCl，但能吸附HCl，减缓PVC的降解。因为赤泥中的钠硅渣、钙霞石和水化石榴石是构成赤泥类胶体性质的主要因素，特别是水化石榴石，其胶体特性尤为突出，赤泥的附碱（游离碱）大部分由这些多孔物质夹带，其本身的—OH活性基团也有可能脱落，与PVC中的C—Cl弱键相互作用，或吸收降解释放的HCl，而起到热稳定作用。资料显示，拜耳法赤泥中的水化石榴石含量比烧结法、联合法高2～3倍，因此拜耳法赤泥增强PVC的效果更好[11]。

2.3.3 赤泥增塑性能

赤泥中含有少量的稀土元素，而稀土元素对PVC具有促进塑化的作用，由于稀土原子Re^+和PVC链上的氯原子Cl^-之间存在强配位相互作用，有利于剪切力的传递，从而使稀土化合物能有效地加速PVC的凝胶化，起到了促进PVC塑化的效果，又起到加工助剂的作用。因为PVC复合物的塑化过程实际上是PVC粉粒（$<100\mu m$）破碎为初级粒子（$<1\mu m$）和更细的细粒子（$<0.1\mu m$粒子）以致无视线团的过程（又称凝胶化过程），而任何破碎、细化过程都是以有效的力传递为前提的，稀土原子Re^+和PVC链上的氯原子Cl^-之间的强相互作用可使力（特别是剪切力）的传递得到加强，从而促进PVC凝胶化，有效地改善稀土化合物与PVC的相容性，因此，稀土化合物PVC体系的透明性较好[9]。

2.3.4 赤泥异相成核性能

赤泥对PP（聚丙烯）具有一定的异相成核作用。纯PP只能均相成核，结晶速率慢，当PP基体中添加赤泥时，复合材料的结晶温度向高温偏移，且随着赤泥的含量增加而增大，当添加改性赤泥时，复合材料的结晶温度随着赤泥含量的增加而增加，但改性赤泥的成核作用低于未改性赤泥。赤泥的添加可提高PP的结晶速率，但最终使 PP 的结晶度下降。赤泥的加入，使 PP 球晶尺寸减小，且随着赤泥的含量增加球晶尺寸进一步降低。当赤泥添加量为 15%时，晶体的界面变得模糊，PP 晶体之间堆砌密集，表明赤泥中具有一定的异相成核点物质，赤泥对 PP 有良好的成核能力，能够有效降低 PP 晶体的尺寸。赤泥的填充量继续增加，复合材料的拉伸强度有所降低，这是由于赤泥质量分数超过 5%时，赤泥与 PP 基体的界面缺陷增多，从而导致其拉伸强度都有所降低。随着赤泥和改性赤泥的添加量增加，复合材料的弯曲强度均有增加。当赤泥（RM）/PP 复合材料受到弯曲应力的作用时，弯曲应力通过基体传递给赤泥，从而使 RM/PP 复合材料具有很强的抗弯曲应变能力。改性后，改性剂与 PP 基体发生了缠结作用，但改性剂与赤泥之间发生了化学键的连接，在基体中易团聚，复合材料各相界面之间产生缺陷，导致改性赤泥（RM）/PP 复合材料的弯曲强度要低于 RM/PP 复合材料。由于改性剂与基体发生缠结作用，当受外力作用时，赤泥能够吸收更多冲击能量[13-15]。

2.3.5　赤泥粉体抑爆性能

对赤泥应进行酸中和、胶凝化、洗涤、干燥、研磨等改性。改性后，赤泥主要成分由 SiO_2、Fe_2O_3 和 Al_2O_3 变为 SiO_2 及 Fe、Al 等金属氢氧化物。改性赤泥经过红外光谱分析，曲线分别在 $750cm^{-1}$、$1030cm^{-1}$、$3435cm^{-1}$ 处出现 3 个波峰。其中，位于 $3435cm^{-1}$ 的峰对应为羟基（—OH）的伸缩振动，改性赤泥中位于 $1030cm^{-1}$ 处对应为 Si—O 键突出振动峰，位于 $750cm^{-1}$ 处对应为针铁矿（$FeOOH_2$）的振动峰。改性赤泥在 112℃开始热解失重，这是由于赤泥中的金属氢氧化物逐渐失去结晶水造成的。温度达到 600℃以后质量基本不再发生变化，说明此时样品已经完全转化为性质较稳定的金属氧化物，最终失重率为 40%左右。通过分析 DSC 曲线可发现，改性赤泥的热解为吸热过程，其粉体样品吸热量约为 1227J/g，DSC 峰值温度为 307℃，并且具有较大的比表面积（$255m^2/g$）和多孔隙结构[3]。

改性赤泥的化学组分使其具有较高的热分解吸热量，能够有效降低爆炸系统的温度。主要原因是改性赤泥的多孔隙结构特点使其具有较大的比表面积，能够有效吸附爆炸中产生的活性自由基。改性赤泥粉体在实验中表现出良好的抑爆效果。其中，在改性赤泥质量浓度为 0.15g/L 时，对比无粉体作用下的爆炸最大压力值下降幅度最大，达到 3464Pa，降幅为 30%左右。在改性赤泥质量浓度为 0.20g/L 时，压力峰值出现时间延迟最长，达到 4.7ms，延迟率达 35.10%[16]。

2.3.6　赤泥粉体保温性能

赤泥颜色的限制导致赤泥作为充填料的可行性受到限制。淄博学院的李国昌等研究表明，赤泥作为填料的聚氯乙烯薄膜在冬季的蔬菜大棚的应用中具有非常明显的应用优势，研究表明在不明显降低可见光透过率的前提下，可明显降低其红外光透过率，从而使其保温性能较好。

2.4 赤泥粉体应用

2.4.1 赤泥-PVC

赤泥-PVC 塑料是以赤泥作为填充剂和改性剂加到聚氯乙烯树脂中混炼而成，具有优异的抗光热老化性能，产品的使用寿命比普通 PVC 塑料制品提高 5 倍以上。赤泥-PVC 塑料压延单膜和复合膜，用于盐田结晶池的苫盖膜、包装膜、篷布以及沼气发酵容器、太阳能热水器等；赤泥-PVC 塑料波浪板，具有良好的机械性能和低温冲击韧性，色泽柔和，阻燃自熄性好，使用寿命比一般 PVC 塑料波浪板提高 5 倍以上（理论数据 10 倍以上）[8]。赤泥塑料维塑管是用维尼龙带基涂覆赤泥塑料而成，用于农用水利灌溉，使用寿命也较普通 PVC 维塑管提高 5 倍以上[6]。

2.4.2 赤泥色母粒

赤泥作为塑料填料的研究已进行多年，近年来随着塑料加工及表面处理剂的不断改进，赤泥在塑料行业的应用取得了新的进展。赤泥相对 PVC 和 PP 具有显著的热稳定作用、优良的抗老化性能和阻燃性，可用于生产建筑型材，同时使 PVC 和 PP 制品具有优良的抗老化性能，可延长制品的使用寿命。

利用赤泥制备塑料填料，部分替代目前碳酸钙等天然填充粉体，结合抗菌剂，制备具有抗菌功能的塑料母粒及其复合材料制品，其生产过程环保，且天然为红色，无须额外添加红色母粒，即可生产出具有广泛用途的复合材料，用于管道、建筑板材、园林等行业。生产过程环保，价格低，力学性能优异，抗老化性能强，吸湿性小。以赤泥为原料与其他助剂和添加剂混炼而成为 PVC、PP、PE 填料，因其特性强更具有广泛的应用性，可用于塑料、橡胶、造纸、涂料、铸造、陶瓷等行业中[11]。

2.4.3 赤泥 PE 石头纸

国内学者张以河介绍赤泥填充聚乙烯（PE）石头纸技术在整个生产过程无须用水，不需要添加强酸、强碱、漂白粉及众多有机氯化物，比传统造纸工艺省去了蒸煮、洗涤、漂白等几个重要的污染环节，从根本上杜绝了造纸过程中因产生“三废”而造成的污染问题，省去了大笔的废物处理资金。另外，由于赤泥填充 PE 石头纸优异的性能及价格优势，具有广阔的市场前景。赤泥填充 PE 石头纸应用中，将赤泥经过干燥、粉碎后制成填料的成本约为 200 元/t，其在石头纸中的含量按70%计算为140元/t；而PE及助剂，采用回收的材料，市场价为5000元/t，按30%计算为1500元/t；这样每吨赤泥填充石头纸的成本价格为1640元左右。目前国内的牛皮纸价格为2300～2500元/t，赤泥填充石头纸与传统牛皮纸相比有巨大的价格优势，以年产10万t计算，则可每年为企业带来直接经济效益1亿元。通过该技术的实施，不仅可以消耗掉大量的赤泥，降低其对环境及人们的生产、生活方面的影响，减少赤泥处理的费用，同时可以节约大量的森林资源，以低成本的赤泥创造新的经济价值，减少企业负担，促进可持续发展，具有良好的经济效益和和社会效益。

2.5 赤泥橡胶材料

2.5.1 赤泥掺加量

选用天然橡胶中分别充填10份、30份、40份、50份赤泥粉体材料，将每个试样进行混炼30min，然后在硫化机上进行硫化；硫化条件为150℃，硫化时间为45min。赤泥的掺加量对复合材料的抗拉强度的影响如图2-4所示。

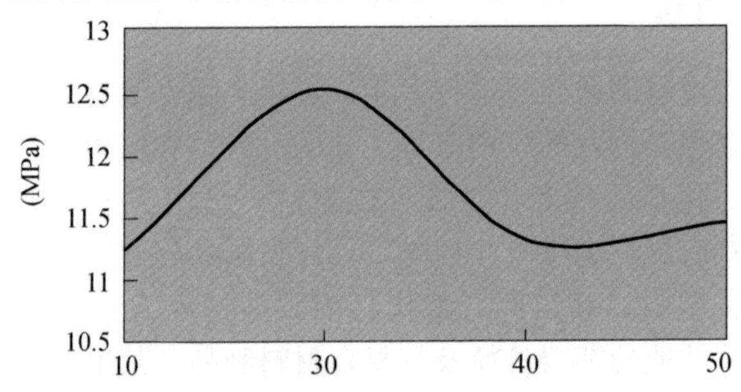

图2-4 赤泥的掺加量对复合材料的抗拉强度的影响

随着赤泥的掺加量的增加，复合材料的抗拉强度随之增大；在赤泥的掺加量达到30份时，材料的抗拉强度达到最大值；随着赤泥的掺加量的增大，抗拉强度迅速降低；在赤泥的掺加量达到40份的时候，材料的抗拉强度变化随之变缓。说明在增强橡胶的填料中，赤泥的掺加量在30份左右是比较合适的。

复合材料的定伸强度随着赤泥掺加量的增加迅速降低，在赤泥掺加量达到30份的时候，定伸强度降低到最低；在赤泥掺加量在40份左右的时候复合材料的定伸强度达到最大，随后赤泥掺加量的变化对复合材料的定伸强度的影响变小(图2-5)。

复合材料的最大变形随着赤泥掺加量的增加迅速增大，在赤泥的掺加量在30份的时候复合材料的最大变形达到最大，随后随着赤泥掺加量的增加而降低；在赤泥掺加量在40份左右的时候复合材料的最大变形达到最低，随后赤泥掺加量的变化对复合材料的最大变形的影响逐渐变小（图 2-6）。

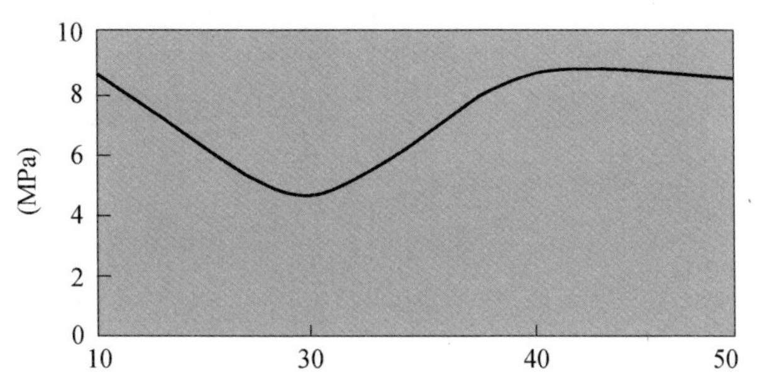

图 2-5　赤泥的掺加量对复合材料的定伸强度的影响

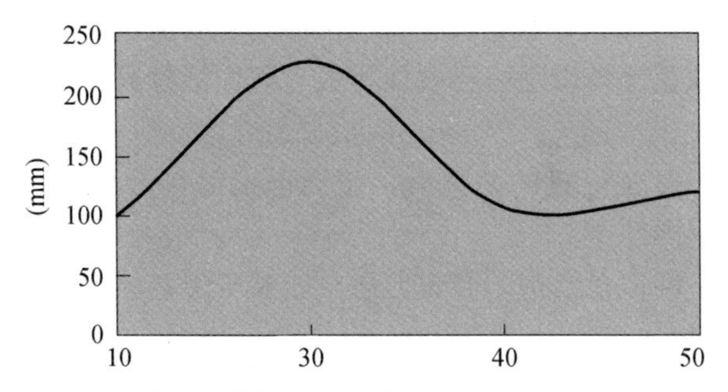

图 2-6　赤泥的掺加量对复合材料的最大变形的影响

复合材料的扯断伸长率随着赤泥掺加量的增加迅速增大，在赤泥的掺加量在 30 份的时候复合材料的最大扯断伸长率达到最大，随后随着赤泥掺加量的增加而降低；在赤泥掺加量在 40 份左右的时候复合材料的最大扯断伸长率达到最大，随后赤泥掺加量的变化对复合材料的最大扯断伸长率的影响逐渐变小（图 2-7）。

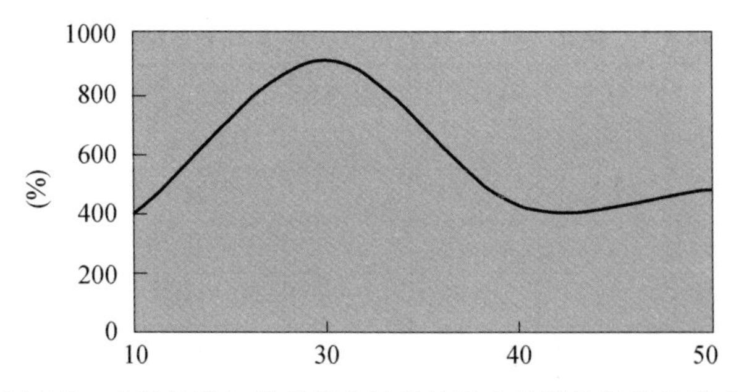

图 2-7　赤泥的掺加量对复合材料的最大扯断伸长率的影响

赤泥掺加量对复合材料磨耗性能的影响如图 2-8 所示，在赤泥的掺加量少于 30 份时，赤泥对复合材料的磨耗的影响大；在赤泥的掺加量随之增大时，赤泥增强复合材料的磨耗的影响逐渐趋缓。

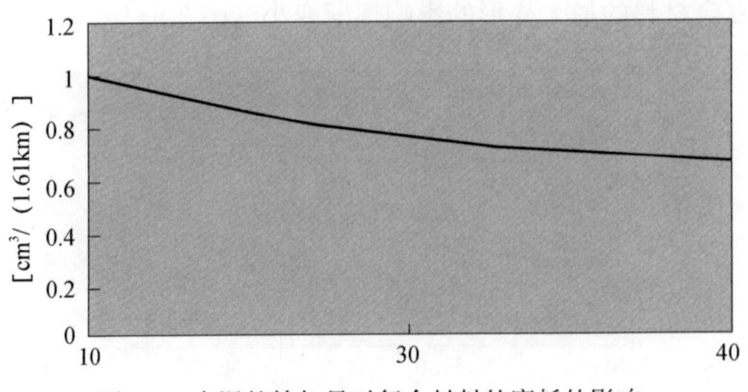

图 2-8 赤泥的掺加量对复合材料的磨耗的影响

赤泥在橡胶中的掺和影响复合材料的性能，主要从以下几个方面进行影响：

（1）赤泥的粒径比较微细，比表面积大，表面活性高，与基体材料天然橡胶接触面比较大；

（2）赤泥中含有一定量的游离碱，游离碱能够与天然橡胶形成特殊的分子桥，增强复合材料的性能；

（3）赤泥是一种多孔结构的微观形貌，能够吸附基体材料，增强填料与基体材料的结合界面能；

（4）赤泥含有水化铝硅酸盐类，易于高分子材料发生羟基取代，增强复合材料的性能。

2.5.2 赤泥与陶土对比性能

以天然橡胶为主要原料，通过添加等量陶土、赤泥进行对比试验；添加量为10份、50份陶土；赤泥10份、40份、50份。原料与碳黑、ZnO等助剂进行混炼，经过硫化后，静置12h，测试结果见表2-1。

表 2-1 赤泥-橡胶复合材料对比试验力学性能测试结果

填料	序号	宽度（mm）	厚度（mm）	最大力（N）	抗拉强度（MPa）	最大变形（mm）	扯断伸长率（%）	定力伸长率（%）	定伸强度（MPa）
赤泥10份	1	6.00	2.33	154.85	11.08	101.16	404.65	56.49	8.59
	2	6.00	2.35	160.06	11.35	105.45	421.82	56.49	8.54
	3	6.00	2.43	166.69	11.43	101.15	420.62	53.70	8.42
	4	6.00	2.47	164.62	11.11	105.0	423.61	54.70	8.26
赤泥40份	1	6.00	2.13	123.93	9.70	95.72	382.89	83.64	8.32
	2	6.00	2.17	153.07	11.76	139.59	558.36	82.85	7.52
	3	6.00	2.21	150.43	11.34	92.43	369.71	69.67	9.11
	4	6.00	2.24	167.21	12.44	105.25	421.02	72.47	8.52

续表

填料	序号	宽度（mm）	厚度（mm）	最大力（N）	抗拉强度（MPa）	最大变形（mm）	扯断伸长率（%）	定力伸长率（%）	定伸强度（MPa）
赤泥50份	1	6.00	2.31	151.05	10.90	92.43	369.71	72.07	8.88
	2	6.00	2.32	161.15	11.58	97.97	391.87	73.06	8.55
	3	6.00	2.33	158.24	11.32	142.73	570.94	72.07	7.04
	4	6.00	2.35	168.78	11.97	113.19	452.76	69.47	8.65
陶土10份	1	6.00	2.03	123.98	10.18	114.14	456.55	51.70	7.18
	2	6.00	2.04	124.25	10.15	161.90	647.60	48.11	6.34
	3	6.00	2.06	124.93	10.11	175.07	700.30	49.91	5.79
	4	6.00	2.08	118.74	9.51	161.25	645.00	49.31	5.81
陶土50份	1	6.00	2.03	172.13	14.13	127.56	510.25	110.79	7.64
	2	6.00	2.13	180.77	14.14	127.21	508.85	105.00	7.55
	3	6.00	2.27	174.47	12.81	216.40	865.59	132.15	4.33
	4	6.00	2.32	199.47	14.33	132.95	531.81	95.22	7.47

赤泥与陶土对复合材料的磨耗性能的影响见表2-2。

表2-2　赤泥-橡胶复合材料磨耗测试结果

填料	硬度（°）	相对密度	永变（%）	磨耗［cm^3/（1.61km）］	硫化条件
赤泥10	78	1.365	40	0.996	150℃×37min
赤泥40	73	1.225	20	0.769	150℃×35min
赤泥50	71	1.23	20	0.691	150℃×35min
陶土10	81	1.315	32	0.830	150℃×50min
陶土50	65	1.205	18	0.426	150℃×35min

赤泥pH值9.0，属于碱性，会加快硫化、缩短硫化时间，密度为2.7～2.9g/cm^3，且赤泥具有显著的早强作用；陶土pH值4～5，呈弱酸性，会延迟硫化，有黏性，密度为2.6g/cm^3。赤泥-橡胶复合材料比陶土-橡胶复合材料的各项力学性能指标增强，起到明显的增强补强作用，硫化时间大大缩短。赤泥-橡胶复合材料比陶土填料硬度偏低，磨耗增多；赤泥-橡胶复合材料与陶土-橡胶复合材料的密度相差不大，永变程度明显加大。

2.5.3　赤泥与轻质碳酸钙对比性能

使用赤泥、轻质碳酸钙充填橡胶，填充量分别为30份。经过炼胶硫化后其物性的测试结果见表2-3。

表 2-3　赤泥-橡胶复合材料性能测试结果一

填料	序号	宽度(mm)	厚度(mm)	最大力(N)	抗拉强度(MPa)	最大变形(mm)	扯断伸长率(%)	定力伸长率(%)	定伸强度(MPa)
赤泥	1	6.00	2.26	167.32	12.34	249.79	999.14	182.26	4.03
	2	6.00	2.25	166.55	12.34	266.15	1064.62	161.90	4.33
	3	6.00	2.25	165.78	12.28	244.05	976.18	172.88	4.21
	4	6.00	2.28	179.19	13.10	186.60	746.41	172.88	4.15
轻质碳酸钙	1	6.00	2.16	154.77	11.94	260.27	1041.06	200.63	3.66
	2	6.00	2.18	158.70	12.13	254.73	1018.90	203.62	3.64
	3	6.00	2.20	162.59	12.32	325.64	1302.58	207.21	2.92
	4	6.00	2.23	161.73	12.09	318.41	1273.63	197.43	2.95

赤泥与轻质碳酸钙对复合材料磨耗性能的影响见表 2-4。

表 2-4　赤泥-橡胶复合材料性能测试结果二

填料	硬度(°)	相对密度	永变(%)	硫化条件
赤泥	57	1.24	44	150℃×25min
轻质碳酸钙	58	1.235	40	150℃×28min

赤泥-橡胶复合材料比轻质碳酸钙-橡胶复合材料的力学性能明显增强，定伸强度远远大于轻质碳酸钙-橡胶复合材料；在密度相差不大的情况下，硫化时间明显缩短。各项性能均优于轻质碳酸钙作为填料充填的橡胶复合材料。

2.5.4　耐腐蚀性能

赤泥作为填料制备硬质胶复合材料，添加 30 份；以天然胶为原料，添加助剂进行混炼；性能检测结果见表 2-5。

表 2-5　硬质胶板耐酸性能测试

质量变化百分比	试验结果(%)	《橡胶衬里 第 1 部分：设备防腐衬里》(GB 18241.1—2014)(%)	浸泡时间(d)	温度(℃)
40% H_2SO_4	−0.2	−2～+1	7	23
20% HCl	−0.4	−2～+3	7	23

在硬质胶板衬里中，赤泥-硬质胶复合材料的质量变化率最大仅为−0.4%，国家规定的设备防腐衬里标准远远大于用赤泥作为充填的硬质胶板。

2.5.5　机理分析

从赤泥 50 复合材料的 SEM 图（图 2-9）中可以看出，赤泥颗粒在较大掺加量的情况下与复合材料在混炼的过程中，表面被复合材料包裹起来，通过复合材料结合在一起，提高界面之间的结合力，可以判断赤泥表面与复合材料表面进行结合的能力比较强，能够比较好地结合；从赤泥 40 复合材料的 SEM 图（图 2-10）中可以看出，在混炼过程中赤泥分散是一个比较大的问题，赤泥在混炼的过程中会发生团聚；从赤泥 10 复合材料的 SEM 图（图 2-11）、赤泥 30 复合材料的 SEM 图（图 2-12）中可以看出，赤泥在掺加量比较少的情况下，在复合材料中分散作用是一种团聚后的分散状态，由此可以看出赤泥的团聚能力比较强。

图 2-9　赤泥 50 复合材料的 SEM 图

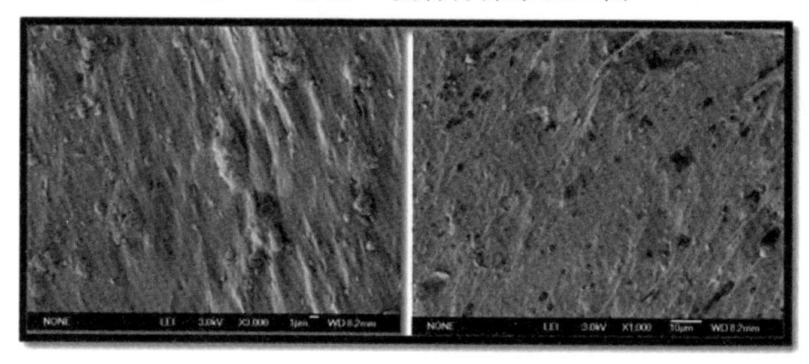

图 2-10　赤泥 40 复合材料的 SEM 图

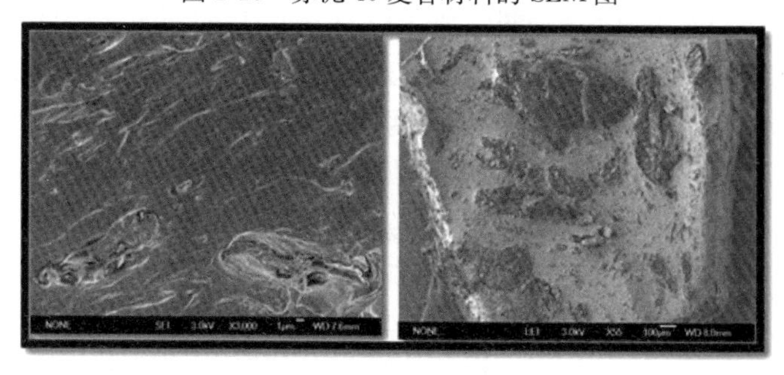

图 2-11　赤泥 10 复合材料的 SEM 图

图 2-12 赤泥 30 复合材料的 SEM 图

2.5.6 赤泥填充橡胶优缺点

赤泥可以作为橡胶填料进行充填具有两个独特的优势：

（1）由于赤泥本身具有高碱性能（pH 值达 12），能够显著地加速橡胶的硫化速度，缩短硫化时间；

（2）由于赤泥的物相中含有大量铝硅酸盐类物相和氧化铁物相，赤泥作为充填料充填橡胶时，能够显著地增强复合材料的耐腐蚀性能，在耐腐蚀试验中，赤泥复合材料的质量变化率仅为－0.4％，远低于国标－2％的规定，可以在防腐行业进行赤泥取代现在的轻钙等充填物，使之具有更强的耐腐蚀性能。

赤泥作为充填料的劣势如下：

（1）赤泥在作为填料的过程中，由于赤泥的密度比较大，作为填料的无机矿物基本上都以体积充填率为准，所以赤泥在作为充填料的优势在密度方面的劣势比较明显；

（2）赤泥的颜色问题比较突出，影响了材料的美观度。

2.6 高发射率赤泥粉体

2.6.1 工艺设计

以富集铁后的赤泥为主要原料添加 NiO、CuO，按照赤泥含铁量与掺杂组分的不同摩尔比设置试验（表 2-6），富集赤泥通过过滤，并进行烘干后，与掺杂组分干法球磨混样 6h，然后压制成 ϕ20mm，厚度 5mm 的圆柱状试样。分别在硅碳棒管式高温炉 1130℃温度下烧结并保温 30min，随炉自冷后得到不同的块状试样。

表 2-6 试样摩尔配比

添加剂 \ 试样	R1-001	R1-002	R1-003	R1-004	R1-005	R1-006
NiO	1∶1	1∶0.6	1∶0.3	0	0	0
CuO	0	0	0	1∶0.3	1∶0.6	1∶1

2.6.2　高铁赤泥

高铁赤泥的主要化学成分经 X 射线荧光光谱分析结果见表 2-7，粒度累积分布组成见表 2-8。高铁赤泥 X 射线衍射（XRP）如图 2-13 所示。

表 2-7　富集赤泥成分分析

成分	T_{Fe}	SiO_2	Al_2O_3	P_2O_5	MnO_2	TiO_2	MgO	CaO	Na_2O	K_2O	SO_2
含量（%）	48.50	18.41	9.85	0.01	0.10	1.14	0.64	1.63	1.4	0.72	0.04

表 2-8　富集赤泥的粒度累积分布

粒度（μm）	0.14	0.22	0.35	0.56	0.89	1.41	2.24	3.56	5.65	8.97
占比（%）	0.02	0.40	1.72	5.50	14.68	32.63	59.12	85.76	98.21	100.00

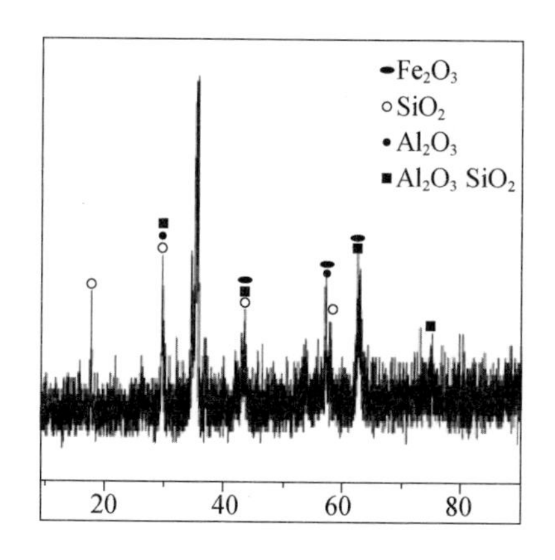

图 2-13　高铁赤泥 XRD 图

2.6.3　试样的红外发射率

试样的红外发射率测试结果见表 2-9。

表 2-9　试样的红外发射率测试结果

项目	F1	F2	F3	F4	F5	F6	F7	F8
R1-001	0.87	0.52	0.95	0.86	0.93	0.94	0.92	0.93
R1-002	0.87	0.65	0.95	0.86	0.93	0.92	0.93	0.94
R1-003	0.88	0.64	0.96	0.90	0.94	0.96	0.95	0.95
R1-004	0.88	0.54	0.95	0.89	0.94	0.96	0.94	0.95
R1-005	0.90	0.67	0.96	0.90	0.94	0.95	0.93	0.94
R1-006	0.90	0.63	0.96	0.92	0.96	0.98	0.96	0.97
R1-007	0.41	0.32	0.78	0.76	0.82	0.85	0.82	0.83

测试温度 52.3℃，F1 为法向全波段比辐射率；F2 为 3～5μm 波段的比辐射率；F3、F4、F5、F6 和 F7 分别是以 8μm、8.3μm、9.5μm、10.6μm 和 12.5μm 为中心波长、带宽为 1μm 的窄波段比辐射率；F8 为 14μm 前截止的比辐射率。

如图 2-14、图 2-15 所示，从测试结果可以看出，随着 NiO、CuO 添加量的增加，试样的红外发射率显著提高。全波段的红外发射率为 0.87～0.90，在 F2 波段发射率普遍较低，为 0.52～0.67，大于 8μm 的 F3～F8 波段的红外发射率为 0.86～0.96，比辐射率较高。对比 NiO、CuO 的相同摩尔添加比的测试结果，添加 CuO 的试样在远红外全波段的红外发射率明显高于添加 NiO 试样的测试结果。在添加 NiO 的试样中，在 2～6μm 波段可见 R1-006 试样红外发射率小于 R1-005 的发射率；添加不同量的 CuO 试样在此波段的发射率波动程度较大，说明 CuO 掺杂较 NiO 掺杂更能影响材料的红外发射率。

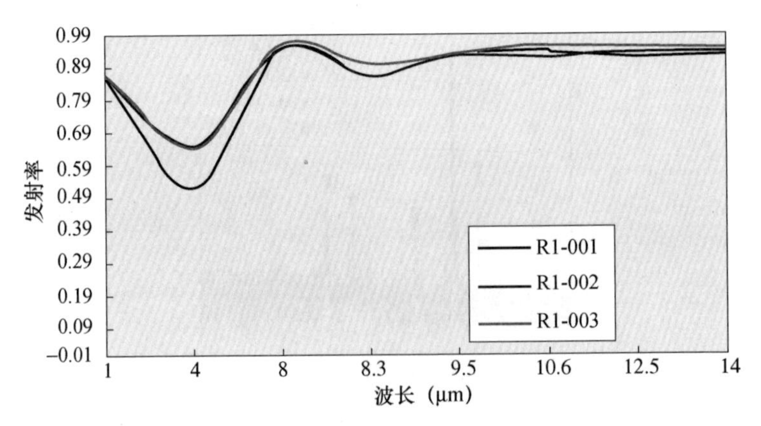

图 2-14　添加 CuO 试样的红外发射率平滑曲线

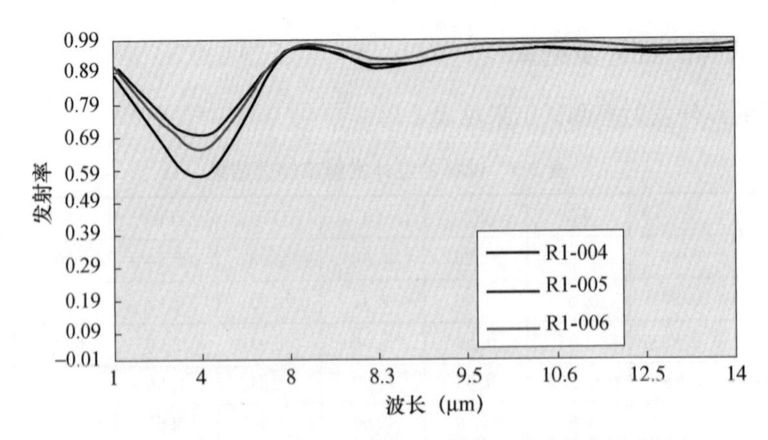

图 2-15　添加 NiO 试样的红外发射率平滑曲线

2.6.4　赤泥粉体高红外发射率机理

从图2-16中可见，图中物相较多，成分复杂，相对于R1-007原料谱线，背底变得更加平滑，表明烧结过程中，杂质相进入主晶相。掺杂CuO试样的R1-004、R1-005、R1-006成分更为复杂，但未发现反应剩余的CuO谱线，说明CuO能够全部参与反应；图中可见高铁赤泥中的部分微量元素未参加反应，也是造成谱线复杂的原因；试样中主要的物相为$CuFe_2O_4$及γ-Fe_2O_3。掺杂NiO烧结的试样中主要物相为$NiFe_2O_4$和γ-Fe_2O_3，谱线强度有所增强，杂质谱线明显减少，掺杂的NiO在反应过程中起到促进微量元素参与反应，降低反应初始温度的作用。掺杂NiO试样的图谱与$NiFe_2O_4$和γ-Fe_2O_3物相的标准XRD图谱进行对比，发现试样的XRD谱线明显地发生了偏移；分析原因是试样的晶体表面发生了晶面歧变，红外发射率的提高与晶面发生歧变的程度成正比关系。

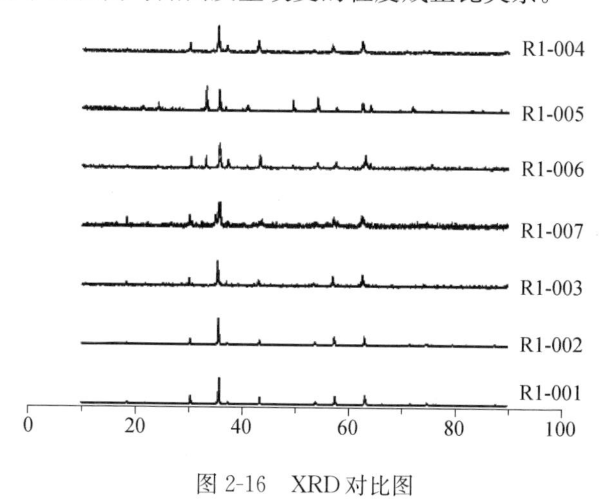

图2-16　XRD对比图

利用高铁赤泥制备的粉体物料在常温下试样的红外发射率大多在0.9以上。其中以R1-005的红外发射率较其他试样明显高出很多，但从其XRD图上显示其主晶相的主峰强度不是最高的，原因在于组成成分复杂化，杂化了大多数纯氧化物生成复杂的晶格结构，在相同结点上能被多种粒子取代，引起吸收波长范围的扩大，对提高红外发射率具有增强作用；铜离子半径大于镍离子半径，进入铁酸盐中增大了偶极矩，也是显著提高了红外辐射率的原因。高铁赤泥组分中同时含有的稀土元素，高温烧结过程中参与反应，也是造成粉体烧结后掺杂的成分复杂的原因，这些元素更易固溶到晶格中，破坏了晶格振动的对称性，加大了晶格的畸变。高铁赤泥中含有少量的TiO_2，从XRD物相分析中未检出TiO_2的谱线，说明高铁赤泥原料中所含的微量Ti^{4+}等离子已进入晶格中替代部分离子，起到补强作用。在烧结的过程中整个体系的高温烧结过程生成尖晶石型的晶体结构AB_2O_4，高铁赤泥中含有的SiO_2、Al_2O_3在尖晶石结构的晶体中发生置换取代

[Fe^{2+}，Fe^{3+}] 形成类似 $FeSi_2O_4$、$FeAl_2O_4$ 等复杂的体系，也是使得制备的试样在远红外波谱线上具有连续高红发射率的原因。利用高铁赤泥制备出的高红外发射率粉体材料在远红外波段上基本上具有连续高辐射率。

参考文献

[1] 庞革平．走出去引进来广西贺州市擦亮"重钙之都""岗石之都"品牌．人民网，2019.3.13.

[2] 王军委，李秋义，唐巍，等．赤泥的性能及其用作矿物掺合料的研究[J]. 混凝土与水泥制品，2015(1)：87-90.

[3] 梁乐善，孟录山，毛旭光，等．热分析在赤泥综合利用方面的应用[J]. 现代科学仪器，1999(5)：59-60.

[4] 梁忠友．赤泥的组成、性质及其综合利用[J]. 适用技术市场，1996(3)：33-34.

[5] 詹金锚，毛久平．氧化铝厂赤泥的基本物理力学性质[J]. 土工基础，2014(4)：120-123.

[6] 田元江，李惠文．赤泥——聚氯乙烯复合塑料抗光、热老化机理探讨[J]. 科学通报，1983(10)：614-616.

[7] 耿永胜，潘玉春，王鲁军，等．硬赤泥-PVC 给水管材的研制[J]. 山东科学，1994(4)：24-27.

[8] 陈占勋，王培波，金海木，等．赤泥填充高聚物的研究Ⅰ. RM-PVC 板材的研究[J]. 聚氯乙烯，1988(5)：25-29.

[9] 张富群，吴枫，王幼慧．赤泥填充改性 PVC 人造革[J]. 聚氯乙烯，1983(1)：35-38.

[10] 李玉杰，黄顺雄，郑巍．工业废渣对塑料模板的应用影响研究[C]. 全国模板脚手架工程创新技术交流会论文集，2017.

[11] 宇平．聚氯乙烯/赤泥复合材料的制备与性能研究[J]. 塑料助剂，2014(3)：27-30.

[12] 杨冠群，杨志民，王庆伟．赤泥在聚氯乙烯复合材料中的应用[J]. 有色金属(冶炼部分)，1993(1)：5-9.

[13] 余龙，段予忠，刘兰丽，等．赤泥在聚氯乙烯复合材料中的作用[J]. 塑料科技，1984(4)：22-25.

[14] 王幼兵．压延法 RM-PVC 人造革加工工艺[J]. 塑料科技，1986(2)：23-25.

[15] 石文建，刘江，杨红艳，等．赤泥改性 PP 复合材料制备及结晶性能与力学性能研究[J]. 塑料工业，2013，41(5)：43-47.

[16] 余明高，孔杰，王燕，等．改性赤泥粉体抑制瓦斯爆炸的实验研究[J]. 煤炭学报，2014(7)：1289-1295.

[17] 刘万超．赤泥微粉表面有机化改性研究[J]. 有色金属(冶炼部分)，2018(10)：21-24.

第3章　赤泥铁资源

3.1　赤泥铁元素

赤泥中的可选铁源于氧化铝生产原料铝土矿中的氧化铁，主要分布在比较粗的粒径范围内；部分铁酸钠水解后的氧化铁不能有效絮凝，导致粒径比较微细，极其难以回收利用；铝土矿中的铁元素的物相变化过程为

$$Fe_2O_3+Na_2CO_3 \longrightarrow Na_2O \cdot Fe_2O_3+CO_2$$

$$Na_2O \cdot Fe_2O_3+2H_2O \longrightarrow Fe_2O_3 \cdot H_2O \downarrow +2NaOH \text{（水解）}$$

水解沉积的氧化铁是引起赤泥颜色褐红的主要原因；由反应的物相变化分析可以得出这部分的氧化铁应该称为针铁矿物相。由于赤泥中铁与碱的含量较高，从赤泥中选出的铁由于含有化合碱，会腐蚀高炉的内衬材料，影响高炉的寿命。

3.1.1　赤泥磁选法

国内学者管建红[1]针对平果铝业公司拜耳法赤泥组分复杂、粒度细的特点，采用了立环脉动高梯度磁选机回收赤泥中的铁，经小型试验和半工业性试验，获得了含 T_{Fe}54.70%的铁精矿，回收率为35.36%，所得合格铁精矿可作高炉炼铁原料。国内学者陈志友、胡伟等[2]对某三水铝石型铝土矿生产氧化铝产生的高铁赤泥进行了磁选研究，细粒级赤泥预先分级脱除，对分级的粗粒进行磨细后进行强磁选别。对该赤泥采用的分级粒度为0.044mm，粗粒级产率为50%，对粗粒级产品进行细磨后进行强磁选别，经过6个月试生产试验，铁精矿品位基本稳定在48.00%以上，最高可提高到52.00%。国内学者徐晓虹等[3]对不同方法除铁分别进行了研究，高梯度湿法磁选法除铁，赤泥浓度10%，磁场1.4T的试验条件下，整体上随赤泥目数的增大，非磁性赤泥产出率增大，但磁性赤泥的最大产出率只有14.16%，产出率较低。研究者认为赤泥中的磁性铁部分已经进入矿物钙铁石榴石晶格中，由于矿物颗粒细小，充分分布在赤泥中，很难单独使用物理方法除铁。国内学者高玉德等针对某氧化铝厂赤泥中铁含量高的特点，采用圆筒筛隔渣、一次弱磁和二段强磁选别的简单工艺流程，使铁得到有效回收。全流程工业试验获得铁精矿品位含 Fe 55.78%，Fe 回收率27.25%。国内学者周凯[4]对3种不同磁选流程回收低温拜耳法赤泥中铁做了研究。结果表明，粗细分选-中矿磨选工艺效率和金属回收率均较高，体现了能抛早抛、能收早收的节能理念，最

大限度地减少了过磨和金属流失，分别获得铁品位 59.42%、回收率 22.82%的细粒铁精矿和铁品位 55.30%、铁回收率 70.04%的粗粒铁精矿，混合精矿综合品位为 56.26%，综合回收率达到 92.86%。

3.1.2 赤泥还原法

国外学者 A. A. 米沙耶夫等人[5]采用天然气作还原剂对基洛瓦巴德氧化铝厂的赤泥进行了间接还原熔炼研究，赤泥含铁 42.04%。结果表明：可利用天然气代替煤来还原赤泥中的氧化铁，而后在 800～850℃下制得金属铁。日本提出利用还原烧结处理赤泥，将氧化铁转化为磁铁矿，其余部分用于回收氧化铝。首先将赤泥烘干至含水率 30%后放在干燥器中进行自然蒸发，然后放在流化床中进行烧结。在流化床中利用还原气体还原赤泥，使氧化铁变成磁化铁，磁性物质经磁选分离后，再浓缩制成高纯冶金团块。研究表明，如果对试验条件严格控制，焙烧赤泥的还原反应可使赤泥中的赤铁矿完全转化为海绵铁，而后进行磁选分离；获得海绵铁制团后，可以直接用于电炉炼钢，这比使用磁铁矿更为简便经济。德国的格布尔·基里尼公司曾进行了两段熔炼法处理赤泥生产炼钢生铁的半工业化试验。第一段将赤泥与煤粉（或泥煤）、碎石灰石混合，送入长 100m 的回转窑中在 1000℃下进行还原烧结，使 80%以上的氧化铁被还原成金属铁；第二段采用特殊结构的油作加热介质的竖式熔炼炉进行熔炼，进一步还原使还原效率达到 95%以上。熔融体中的铁和渣自行分离，残渣连续流出，在水中粒化。液态铁从炉中放出，经适当处理后，铸成生铁锭。匈牙利采用改良的串联法将阿尔马什菲济特氧化铝厂的拜耳法赤泥，配加无烟煤作还原剂在捷克的耶依保维查厂 60mm 长的回转窑中还原焙烧，再磁选分离，得到的铁精矿含 Fe 77%，铁回收率达 81.5%～83.0%，这种铁精矿可以直接用于电炉炼钢。国内学者 Xiang Qinfang[5]报道了一种从赤泥中低温还原磁选分离铁工艺，在还原过程中，用煤、炭、锯木屑、甘蔗渣做固相还原介质，还原温度可降低到 350℃，还原后的赤泥经磁选同样较好地回收了赤泥中的铁。国外学者 B. Mishra、A. Staley 等[6][7]对赤泥还原炼铁-炉渣浸出工艺做了进一步研究，赤泥中的铁采用碳热还原，铁的金属化率超过 94%，进一步熔化可制得生铁。国内学者廖春发等[8]采用焦炭做还原剂，经高温焙烧后磁选。焙烧工艺的最佳参数：赤泥∶焦炭 80∶15，还原焙烧温度为 1150℃，焙烧时间 1.5h；磁选的磁场强度为 0.9kT。能富集得到 56.5%的铁精矿，剩下的铁在酸浸后回收。国内学者刘万超[9]以拜耳法赤泥为原料，经直接还原焙烧—磁选回收铁，磁选残渣用于生产建筑材料。该赤泥中的氧化铁含量 27.93%，并以赤（褐）铁矿为主要存在状态。在探讨了焙烧温度、焙烧时间、炭粉及添加剂用量等因素对试验结果影响的基础上，得出较理想的焙烧条件。在该条件下，经磨细磁选后所得精矿中，总铁含量 89.05%，金属化率 96.98%，回收率 81.40%，可用作海绵铁做炼钢材料。磁选残渣可用于生产蒸养砖等建材。国内学者李亮星等[10]通过还原焙烧试验回收赤泥中的铁。赤泥经过加入碳酸钠还原焙烧时，在焦炭做还原剂的情况下，对铁的回收率和品位的影响做了研究。实验得到的最佳条件是赤泥、碳酸钠与焦炭的质量比为5∶5∶1；还原焙烧温度为1000℃；焙烧时间为60min。国内学者范艳青[11]对某炼铝企业的赤泥进行了物相分析和物化性能研究，并针对该物料特点提出了还原熔炼生铁的工艺。考察温度、焦比、氧化钙加入量三因素对还原炼铁渣型的影响。在焦比20%、温度1500℃、氧化钙与氧化铝的摩尔比为2.0左右的优化条件下，熔炼出的生铁符合炼钢用的生铁国标。对熔渣进行了碳酸钠法浸出回收铝试验研究，改善了赤泥熔炼生铁的经济性。国内学者高建阳等[12]对印尼铝土矿溶出废弃赤泥，配入自制添加剂，采用煤基直接还原焙烧—渣铁磁选分离—冷固成型的新工艺流程，研究了印度尼西亚铝土矿溶出废弃赤泥煤基直接还原过程中金属铁晶粒长大特性，并着重讨论了添加剂种类、焙烧条件对金属铁晶粒长大特性的影响。生产出优质海绵铁，其金属化率为92.9%，铁品位为93.7%，铁回收率为94.42%，为氧化铝工业废弃赤泥综合利用提供了一条新途径。

3.1.3　赤泥酸浸法

赤泥用盐酸在60～80℃条件下浸出，经过滤，在滤液中加入氢氟酸使硅以硅酸沉淀，过滤出硅酸，向滤液中加入NaCl，经蒸发后结晶生成冰晶石，结晶母液为含硅氟酸和盐酸溶液，将此蒸发母液与预先分离的硅酸一同加入前面盐酸浸出渣，使Fe、Al进一步溶解，以回收溶液中的铁、铝。于先进等[13]以盐酸为浸出剂，对赤泥中的铁采用酸浸工艺浸出，再用碱液沉淀铁离子，500℃下烧结、水洗后得到几乎纯净的Fe_2O_3。

3.2　赤泥磁选工艺

3.2.1　赤泥粗选

取500g赤泥原样，经过使用筛子进行湿筛分级后，烘干物料，对各个粒级的赤泥进行磁选试验（图3-1）；筛子选择为40目、100目、360目筛。目的就是查明赤泥中可选铁的分布情况；磁选的背景场强设计为0.943T；为了尽可能地提高回收率，选取的场强比较高，采取一段磁选工艺。磁选的结果列于表3-1。

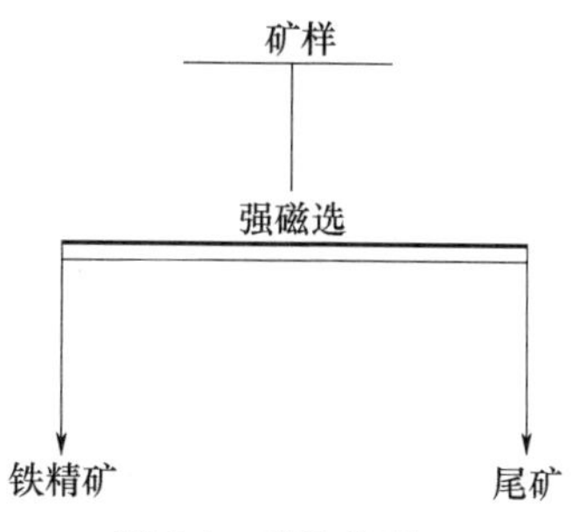

图3-1　磁选流程一

通过表3-1对各粒级进行磁选的试验结果可知，＞360目粒级的铁品位可以富集到45%以上，回收率可达35%以上，<360 目级别的铁精矿品位仅仅达到42%且回收率较低。可以确定赤泥中的可选铁主要分布在粗粒径的范围内，为了能够进一步确定赤泥中可选铁的准确分布情况，进一步化验了赤泥磁选试验的结果，减少粒径的范围；将>100 目的铁精矿矿样筛分成>100 目且<40 目分别制样化验分析。>40 目产率约占 10%。

表 3-1　各粒级磁选试验

粒级（目）	产品名称	产率（%）	品位（Fe,%）	回收率（%）	强磁选条件
>100	铁精矿	14	45.12	23.14	磁场强度：0.943T
	尾矿	7.2	17.84	4.71	
<100 且>360	铁精矿	7.6	45.74	12.73	
	尾矿	3.2	10.44	1.22	
<360	铁精矿	7.7	42.10	11.87	
	尾矿	10.9	21.65	8.64	
	洗掉的矿泥	49.4	20.82	37.68	
	原矿	100	27.3	100	

通过各粒级赤泥中的可选铁的试验，在细粒级范围内很难用强磁选进行富集；通过化验分析发现，这部分粒径范围内的铁元素分布比较均匀，进一步验证了赤泥中的铁是由铁酸钠水解后的极其微细的氧化铁沉积在水化石榴石物相的表面上（表 3-2）。

表 3-2　粗粒级中铁分布

产品名称（目）	品位（Fe,%）	产品名称（目）	品位（Fe,%）
+40	44.27	<40 且>100 目	46.85

根据化验结果可知，两个级别中铁的品位比较相近，由此可以判断，在粗粒级范围内，赤泥中的铁也是由铁酸钠水解的氧化铁为主，分布均匀，很难达到选矿学上面要求的有用物相与脉石物相充分单体解离；铁品位难以得到提高。

3.2.2　赤泥可选性

从可选性原理上可以得知，赤泥中水解铁的可选性与赤泥中铁的水解物相、絮凝团聚情况及其分布水解后的分布情况等有直接密切的关系。依据赤泥中水解氧化铁的分布情况，使用 40 目、360 目筛对赤泥进行筛分，缩小赤泥粒径的分布，进一步探索赤泥中水解铁物相的可选性的问题。

通过筛分后，对<40 目且>360 目粒级的赤泥进行磁场强度试验，磁选的工艺过程设计为两级筛分、一段磁选（图 3-2），厘清粒径分布对分选指标的影响，确定磁场的背景场强对赤泥中可选铁的影响；磁选分选后的结果见表 3-3。

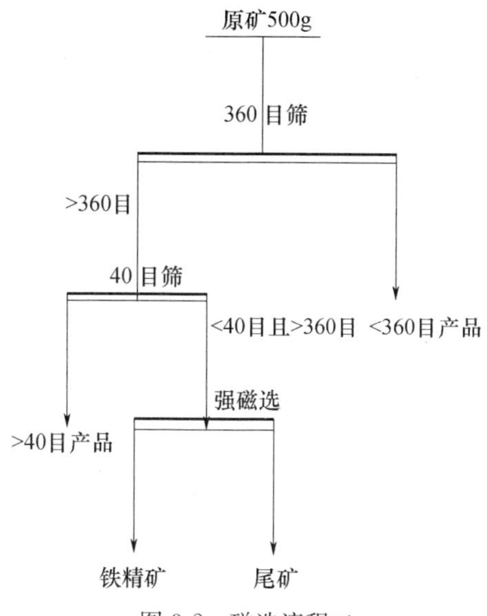

图 3-2　磁选流程二

表 3-3　＜40 目且＞360 目粒级磁场强度试验

粒级	产品名称	产率（%）	品位（Fe,%）	回收率（%）	强磁选条件
＜40 目且＞360 目	铁精矿	11.7	48.98	20.99	磁场强度：0.668T
	尾矿	15.3	24.37	13.66	
	洗掉的矿泥	73	24.45	65.35	
	原矿	100	27.3	100	
	铁精矿	14.60	46.11	24.66	磁场强度：0.776T
	尾矿	14.7	22.10	11.9	
	洗掉的矿泥	70.7	24.49	63.44	
	原矿	100	27.3	100	
	铁精矿	12.8	48.81	22.88	磁场强度：0.849T
	尾矿	13.9	20.92	10.65	
	洗掉的矿泥	73.3	24.75	66.47	
	原矿	100	27.3	100	
	铁精矿	13.9	49.52	25.32	磁场强度：0.943T
	尾矿	13.1	21.88	9.86	
	洗掉的矿泥	73	24.24	64.84	
	原矿	100	27.3	100	

注：此表中的尾矿是指＜40 目且＞360 目经磁选后的尾矿。

从试验结果可以看出在<40 目且>360 目氧化铁的富集情况较好，背景磁场的强度变化对于磁选结果的影响不大，可以在较低脉动磁场条件下实现分选；可以说明这部分可选铁比较稳定，褐铁矿物相含量相对较少，对磁选选别效果影响不大。

3.2.3 赤泥全粒径磁选

如图 3-3 所示，取赤泥原样 500g，经过简单的洗矿工艺，冲洗 3 次以充分除去赤泥中及微细粒级泥化的赤泥。

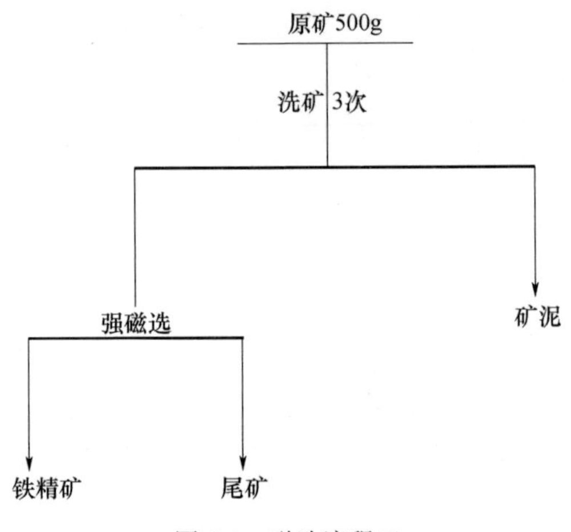

图 3-3 磁选流程三

赤泥磁选试验见表 3-4。

表 3-4 赤泥磁选试验

产品名称	产率（%）	品位（Fe,%）	回收率（%）	强磁选条件
铁精矿	26	40.8	38.86	磁场强度：0.943T
尾矿	20.7	24.81	18.81	
矿泥	53.3	21.68	42.33	
原矿	100	27.30	100	

试验表明直接对全粒径的赤泥进行了磁选，跟前面的设计的结论是一样的，赤泥中的这部分铁很难得到较好的富集。结合前面试验分析结论进一步确定：赤泥中铁的分布是极其微细的，这部分的赤泥中的铁的富集是以团聚才得以分选出来的。

3.2.4 赤泥粗粒级磨矿磁选

赤泥中含有部分粗粒径的物料，在氧化铝的溶出过程中，铝土矿已经粉磨得较细，为何出现部分大于40目粒级的赤泥，通过磁选试验来进行分析这部分大于40目粒级的赤泥的情况；取2000g原赤泥筛析出193g大于40目的赤泥，通过球磨机对这部分赤泥进行磨矿后，磨矿时间为4min，粒度小于200目的占80%；再进行磁选试验（图3-4）。

大于40目试样磨矿磁选试验见表3-5。

通过分析大于40目的矿样进行磨矿磁选试验的结果可以得出，通过磁选试验可以明显地提高分选后的赤泥铁精矿品位及回收率。

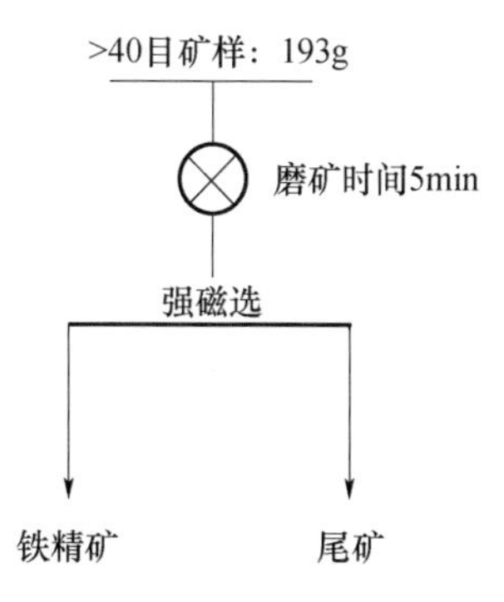

图3-4　磁选流程四

表3-5　大于40目试样磨矿磁选试验

粒级	产品名称	产率（%）	品位（Fe,%）	回收率（%）	强磁选条件
40目	铁精矿	43.26	50.43	59.07	磁场强度：0.668T
	尾矿	56.74	26.64	40.93	
	原矿（40目）	100	36.93	100	

3.2.5　弱磁强磁联选

为了确定赤泥中这部分具有强磁性的铁物相的含量情况，先用弱磁预选赤泥分离出这部分铁物相出来，弱磁选的磁场强度设计为0.2T，使用40目、100目、360目筛对赤泥进行筛分，具体为先用弱磁预选出这部分强磁性铁，然后分级并对粗颗粒进行磨矿后再对矿样进梯度磁选机进行磁选（图3-5）。

原矿弱磁+强磁选试验结果见表3-6。

通过分析化验赤泥铁精粉的品位可以得出，在磁场强度比较低的情况下，得到品位较高；可以确定这部分赤泥是由 Fe_2O_3 在强碱的状态下与NaOH生成 β-FeOOH$^+$，随着水热反应的进行，β-FeOOH通过溶解-重结晶会进一步转化为 γ-Fe_2O_3，这部分氧化铁具有明显的强磁性，而且量还不少。

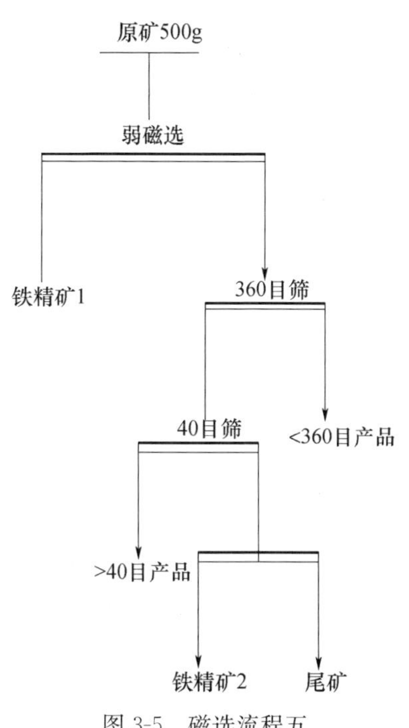

图3-5　磁选流程五

表 3-6　原矿弱磁＋强磁选试验结果

粒级（目）	产品名称	产率（%）	品位（Fe,%）	回收率（%）	强磁选条件
＜40 且＞360	铁精矿 1	1	59.0	2.16	磁场强度：0.668T
	铁精矿 2	11.3	46.70	19.33	
	尾矿	19.1	26.12	46.58	

如图 3-6 所示，XRD 图谱上面未发现 Fe_3O_4 的谱线，可以确定这部分具有强磁性的铁物相为 γ-Fe_2O_3，而且从表 3-6 中的数据可以得出，这部分的强磁性铁的量只占赤泥原样的 1%左右，数量不是很大，基本上可以确定这部分具有强磁性铁应该就是由铝土矿磨矿过程中钢球的磨耗产生的部分单质铁，它也是造成赤泥中铁物相中具有部分强磁性铁的原因。其他粒径中铁的含量及其产量的区别不是很大，跟以上试验的结果几乎没有太大的差别。为了进一步确定赤泥中这部分强磁性物相的量的稳定性，进一步延长弱磁选的时间来验证这部分强磁性铁物相的含量的情况。

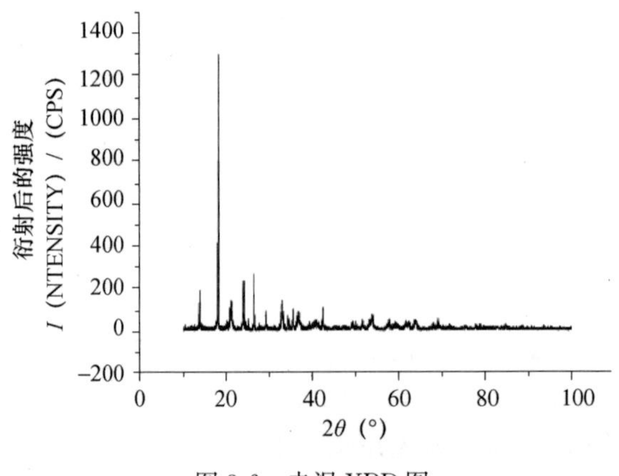

图 3-6　赤泥 XRD 图

在铝土矿的磨矿过程中，由于钢球的磨耗导致少量的单质铁进入铝土矿中，进而反应生成了具有磁性的 γ-Fe_2O_3。从温度的角度看，弱磁性的 α-Fe_2O_3 转化为 γ-Fe_2O_3 型的可能性不大，最有可能的就是其中的铝土矿的钢球磨耗，导致了氧化铝溶出的过程中导入的部分单质铁进入液相中参与了反应。

图 3-7 显示了通过磁选时间来研究赤泥中弱磁选氧化铁物相的情况。

对比表 3-7 中的试验结果可以得知，其中的强磁性的铁物相的富集量并没有因弱磁选的时间的延长而出现增加，两者的含量略有区别，可以分析认为是称量的误差，确定这部分的强磁性的铁物相的含量基本为 1%左右。从选矿学的角度分析试验结果可知：磨矿后，采用弱磁与强磁联合磁选对铁精矿的品位的提高有明显的效果；并且产率可以达到 13%，回收率可达 24.5%。

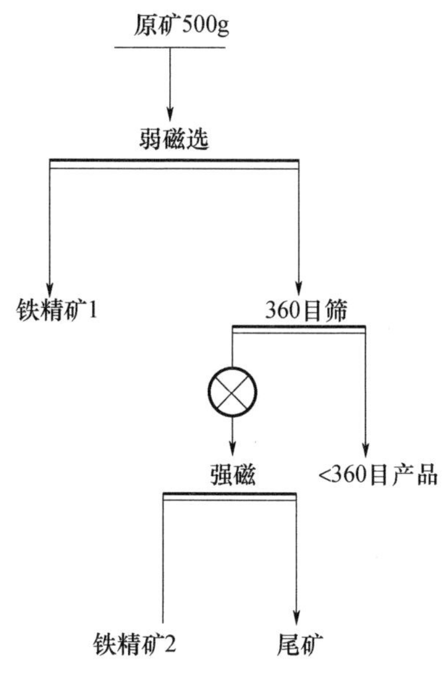

图 3-7　磁选流程六

表 3-7　弱磁强磁联选结果

磨矿时间（min）	产品名称	产率（%）	品位（Fe,%）	回收率（%）	强磁选条件
1	铁精矿 1	1.1	57.31	2.31	电流：300A
	铁精矿 2	11.6	47.29	20.09	
	尾矿	29.8	29.1	31.77	
4	铁精矿 1	1	57.38	2.1	电流：300A
	铁精矿 2	12	51.32	22.56	
	尾矿	23.9	26.11	22.86	

参考文献

[1] 管建红．采用脉动高梯度磁选机回收赤泥中铁的试验研究[J]. 江西有色金属，2000(12)：15-18.

[2] 陈志友，陈秋虎．强磁选和重选联合回收尾矿和冶炼尾渣中铁的研究[J]. 金属矿山，2009(09)：182-184.

[3] 徐晓虹，丁培，吴建锋，等．赤泥除铁初探[J]. 佛山陶瓷，2007(06)：24-26.

[4] 周凯．低温拜耳法赤泥磁选提铁试验研究[J]. 现代矿业，2011(01)：36-38.

[5] 李建伟．烧结法赤泥脱碱及碱回收工艺研究[D]. 郑州：郑州大学，2012.

[6] Mishra，Vimal Chandra Pandey，Pratiksha Singh. Assessment of phytoremediation potential of native grass species growing on red mud deposits[J]. Journal of Geochemical Explo-

ration，2016(06)：365-369.

[7] Swagat S. Rath，Archana，Pany，K，et al. Statistical Modeling Studies of Iron Recovery from Red Mud Using Thermal Plasma[J]. Plasma Science and Technology，2013(05)：459-464.

[8] 廖春发，姜平国，焦芸芬．从赤泥中回收铁的工艺研究[J]．中国矿业，2007(02)：93-95.

[9] 刘万超．拜耳法赤泥高温相转变规律及铁铝钠回收研究[D]．武汉：华中科技大学，2010.

[10] 李亮星，黄茜琳，罗俊，等．从赤泥中回收铁的试验研究[J]．上海有色金属，2009(03)：19-21.

[11] 范艳青，朱坤娥，蒋训雄．赤泥中铁资源的回收利用研究[J]．有色金属(冶炼部分)，2019(09)：72-76.

[12] 李韶辉，高建阳，曹志诚，等．拜耳法赤泥转底炉还原炼铁试验研究[J]．有色冶金节能，2018(06)：41-44.

[13] 于先进，逯军正，王晓铭，等．赤泥中铁含量的测定及其回收试验研究[J]．轻金属，2008(05)：13-15.

第4章　赤泥建材资源

国内外实践表明，利用烧结法赤泥调质可生产出多种型号的水泥[1]。俄罗斯利用拜耳法赤泥生产水泥，赤泥在生料中的配比可达14%；日本三井氧化铝公司以赤泥为铁质原料配入水泥生料，每吨水泥熟料可利用赤泥5～20kg；我国山东铝厂也早在建厂初期就对赤泥的综合利用进行了研究，利用烧结法赤泥生产普通硅酸盐水泥，每吨水泥中赤泥的利用量为200～420kg，产出赤泥的综合利用率为30%～55%。

4.1　赤泥免烧砖

赤泥-硅酸盐水泥免烧砖是直接利用赤泥添加硅酸盐水泥作为粘结剂，不用进行高温烧结，在自然条件下养护成型的新型砖。

4.1.1　赤泥

赤泥源于山东某铝厂带式过滤机下直接装袋的赤泥，然后经过风干。赤泥的化学成分见表4-1。

表4-1　赤泥的化学成分

元素	SiO_2	Al_2O_3	Fe_2O_3	CaO	MgO	Na_2O	K_2O
含量	32.10	22.03	30.40	1.98	1.32	10.21	1.24

如图4-1所示，从赤泥XRD物相分析图中可以看出，赤泥中主要含有赤铁矿、铝针铁矿、石英、水化石榴石、含水铝硅酸钠、钙钛矿、方解石等；其中以$6NaO \cdot Al_2O_3 \cdot xSiO_2 \cdot (6-2x) H_2O$物相为主的水化石榴石的含量最高。

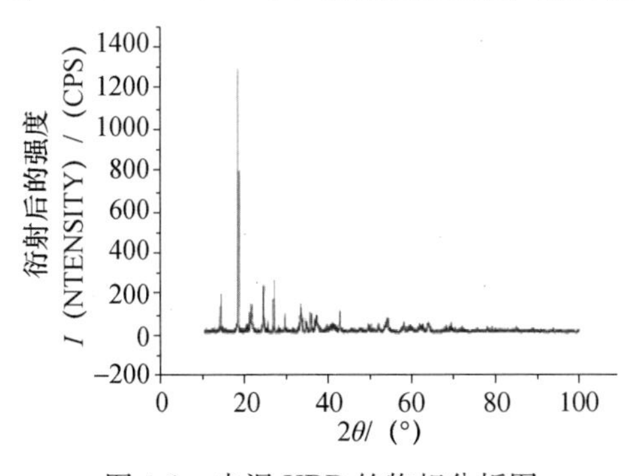

图4-1　赤泥XRD的物相分析图

4.1.2 水泥

（1）水泥源于山水水泥厂，强度等级为 32.5 级的普通硅酸盐水泥；

（2）骨料为市场购买的建筑用砂，密度为 2.6g/cm^3，含水率 5.5%左右。

4.2 赤泥免烧砖性能

4.2.1 力学性能

通过改变赤泥免烧砖中水泥的掺加量，测试赤泥免烧砖力学性能，返碱、泛霜现象用以确定水泥掺加量的影响情况。

在试验的设计中，水泥、骨料的比例为 10∶1；赤泥的掺加量见表 4-2。

表 4-2　赤泥掺加量

物料名称	赤泥（%）	水泥（%）	骨料（%）
BT-001	80	16.7	1.7
BT-002	60	33.3	3.3
BT-003	40	50.0	5.0
BT-004	20	66.7	6.7

其试验结果如图 4-2 所示。

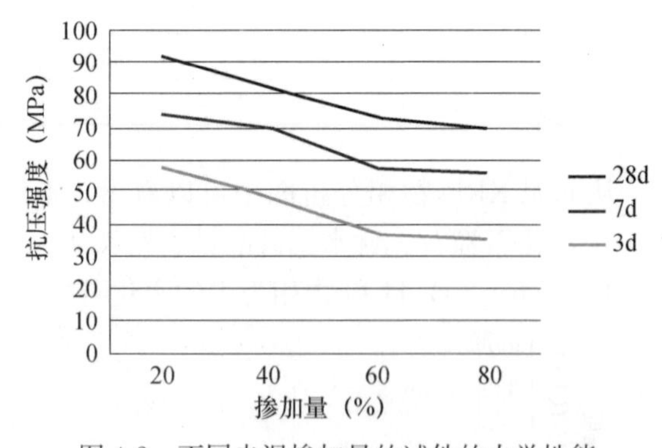

图 4-2　不同赤泥掺加量的试件的力学性能

从图 4-2 中可以看出，随着赤泥掺加量的增加，试样的抗压强度逐渐降低，当赤泥的掺加量增加到 60%以上时，赤泥免烧砖抗压强度的减低逐渐减缓。从图 4-2 中可以看出赤泥免烧砖抗压强度主要源于硅酸盐水泥的物相组织，赤泥具有较低的水化活性，对无机材料的早期强度没有任何贡献，在无机材料中的作用只起到充填作用。

4.2.2　免烧砖泛霜

图 4-3 是赤泥免烧砖的不同区域照片，前 4 张照片是赤泥免烧砖静置 48h 后泛霜情况的照片，后面 4 张为无机材料静置 18d 后泛霜情况的照片，随着时间的延长，赤泥免烧砖表面的泛霜现象越来越严重。

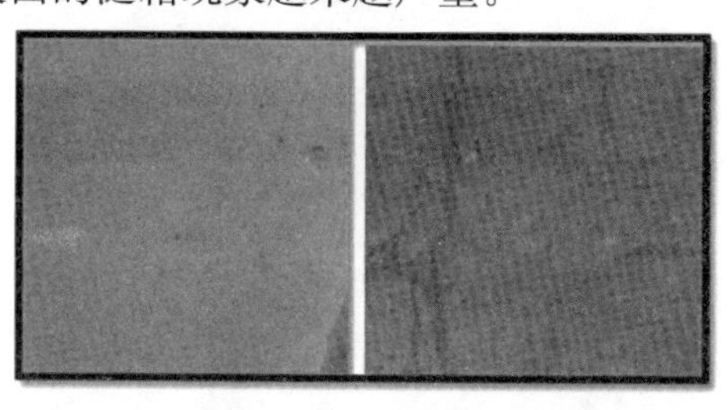

BT-001表面泛霜（48h）　BT-002表面泛霜（48h）

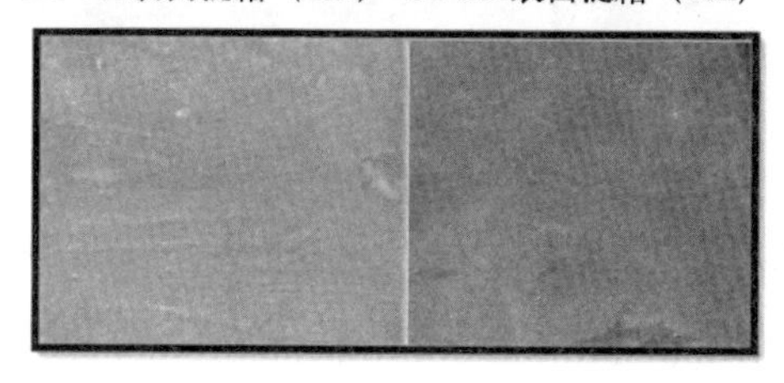

BT-003表面泛霜（48h）　BT-004表面泛霜（48h）

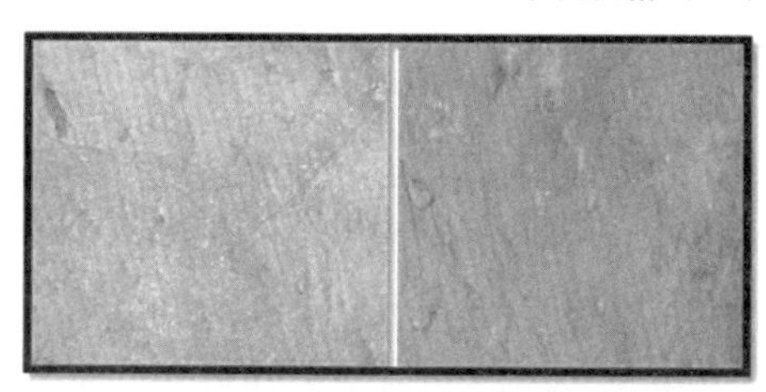

BT-001表面泛霜（18d）　BT-002表面泛霜（18d）

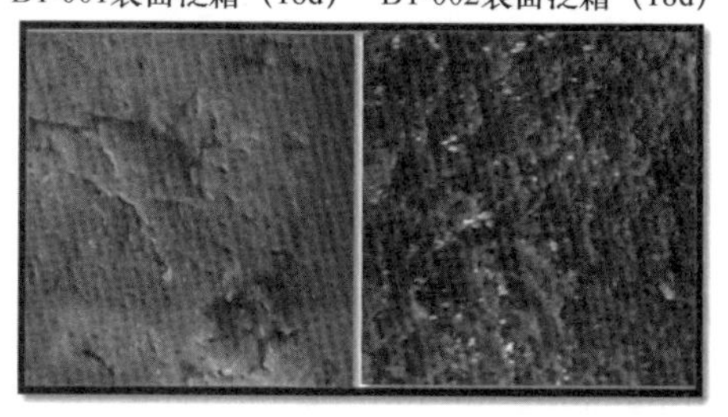

BT-003表面泛霜（18d）　BT-004表面泛霜（18d）

图 4-3　不同赤泥掺加量免烧砖表面随时间变化的情况

4.2.3　免烧砖返碱

如图 4-4 所示，赤泥水泥无机材料静置 18d 后再放于水中浸泡 7d 后，在烘箱内烘干，大部分表面都出现了不同程度的返碱现象，在局部表面返碱聚集，属于严重返碱。

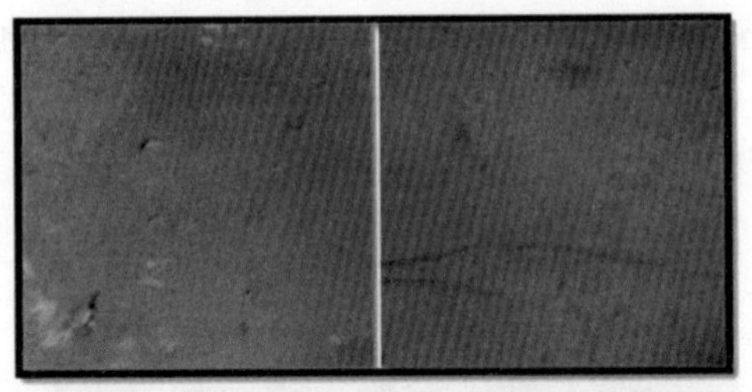

BT-001返碱、泛霜（100℃）BT-002返碱、泛霜（100℃）

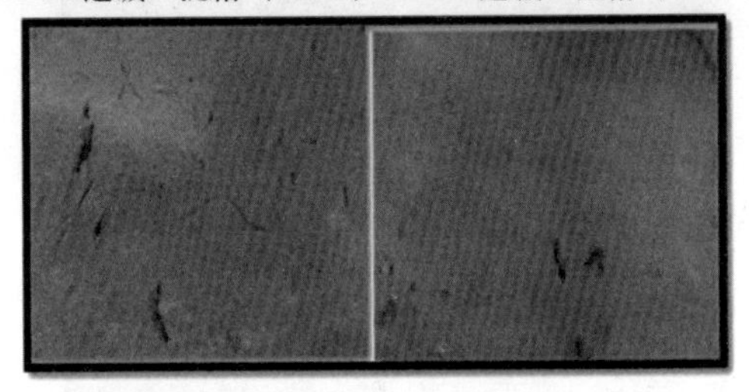

BT-003返碱、泛霜（100℃）BT-004返碱、泛霜（100℃）

图 4-4　不同赤泥掺加量无机材料表面返碱、泛霜情况

4.2.4　返碱动力学

随着赤泥中水泥掺量的增加，返碱、泛霜现象越严重。具体为赤泥-硅酸盐水泥无机材料中的碱 Na^+ 与硅酸盐水解产生 $Ca(OH)_2$ 的钙离子发生阳离子取代反应，游离出大量的碱 Na^+，造成赤泥免烧砖的返碱现象；硅酸盐水泥掺加量的增加，加剧了钙离子、钠离子之间的阳离子取代反应，游离出更多的碱 Na^+，在赤泥-硅酸盐水泥无机材料表面形成更加严重的返碱、泛霜现象；随着赤泥水泥无机材料中水泥掺加量的增加，返碱、泛霜现象有所减轻。赤泥免烧砖的返碱、泛霜是一次性返碱、泛霜，也就是在无机材料成型后的几天内就会发生，主要是因为赤泥免烧砖中含有较多的多余水分，使得无机材料中存在的 Na^+ 被硅酸盐水泥激活后成为可溶性碱随着无机材料中的水分向外面迁移。

赤泥免烧砖表面的返碱、泛霜现象随着硅酸盐水泥掺加量的增加而发生一定的变化，一定范围内的赤泥免烧砖表面返碱、泛霜的现象比较严重，属于严重返碱、泛霜；在这个范围之外的赤泥免烧砖表面的属于轻微返碱、泛霜。具体为10%～60%的硅酸盐水泥掺入时，无机材料表面出现严重返碱、泛霜现象；超过60%硅酸盐掺入量的赤泥-硅酸盐水泥无机材料表面的返碱、泛霜现象有所减弱；低于10%硅酸盐水泥-赤泥免烧砖表面的返碱、泛霜现象属于轻微返碱、泛霜情况。

赤泥免烧砖中的碱 Na^+ 随水分迁移到材料表面的动力主要是属于毛细现象。其计算公式为

$$H=2f\cos\theta/(\rho\cdot r)$$

式中　H——毛细提升高度，m；

f——水的表面张力，N；

ρ——水的密度，kg/m^3；

r——毛细管的半径，m；

θ——水与砂浆表面形成的润湿角。

赤泥-硅酸盐水泥无机材料中加入较多的骨料，而且水泥的粒径级配等造成赤泥免烧砖中存在大量的毛细孔径。

在硅酸盐水泥硬化的过程中，导致了大量存在游离 Na^+ 的现象；造成了无机材料中的毛细盐水增大[2]。水的表面张力公式 $F=\sigma\times2\pi r=\rho gSh$，由公式可以看出表面张力与溶液的密度成正比关系，导致碱 Na^+ 水的表面张力大幅增加。

硅酸盐无机材料的表面与盐水的润湿角杨氏公式（Young Equation）：

$$\gamma_{sg}-\gamma_{SL}=\gamma Lg\cos\theta$$

当 $\theta=0$，完全润湿。

通过试验表明，毛细现象可将含盐的水提升 10cm 以上。

针对赤泥-硅酸盐无机材料表面的返碱、泛霜现象的动力学分析；可以确定造成返碱、泛霜的问题如下：

（1）硅酸盐物相反应过程中的部分取代反应，改变了以硅酸盐为主的碱式胶粘剂，降低硅酸盐物相对无机材料阳离子取代能力；选用碱式早强水泥氯氧镁水泥为胶粘剂可减轻返碱、泛霜现象；

（2）增大赤泥免烧砖的毛细孔径，对赤泥-早强水泥无机材料中添加改性剂；

（3）对无机材料添加吸附性充填料锯末，减少赤泥免烧砖中碱的游离范围。

4.2.5　免烧砖 SEM 分析

在不同赤泥掺加量的无机材料的 SEM 图（图 4-5）中可以发现随着硅酸盐水泥的加入量的增加，SEM 扫面图上面的白色区域随之增大，在水泥掺加量为

BT-001SEM图

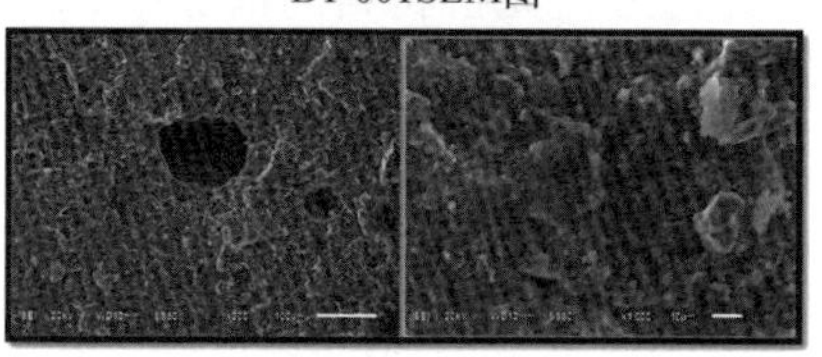

BT-002SEM图

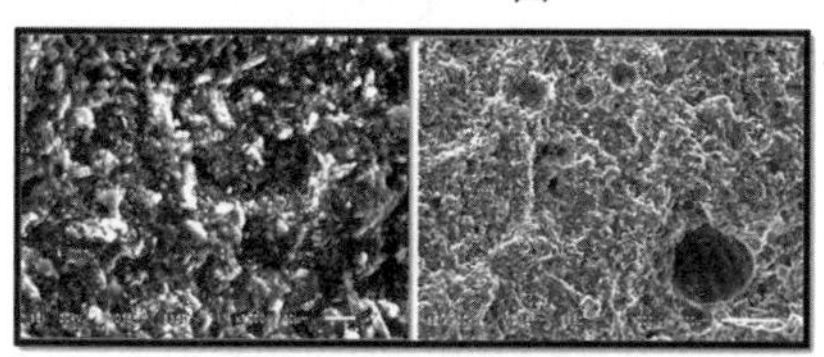

BT-003SEM图

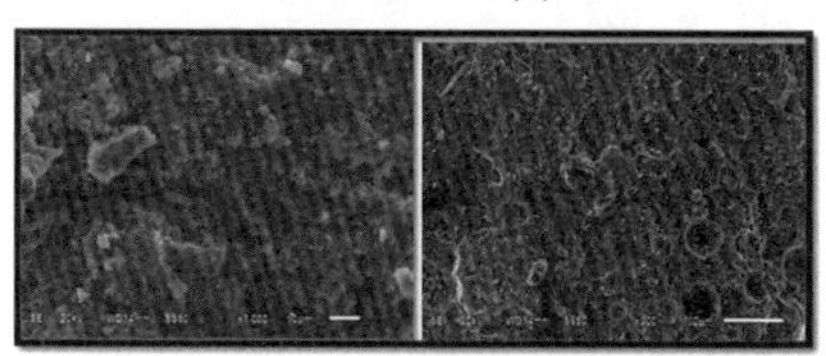

BT-004SEM图

图 4-5　不同赤泥掺加量的无机材料的 SEM 图

60%时赤泥免烧砖的表面的白色区域达到了最大；随后随着水泥掺加量的增加，白色区域变小，部分的结晶情况发生了变化，成为针状的结晶体；这个问题还有待进一步研究。

从以上分析可见，这些白色区域的范围随着赤泥免烧砖中配比的变化而有规律地变化；说明白色区域是由赤泥硅酸盐无机材料的返碱现象引起的，赤泥硅酸盐水泥的返碱情况与上述赤泥硅酸盐无机材料的返碱、泛霜现象一致。

赤泥免烧砖返碱、泛霜的机理主要由两部分组成。

一是碱-硅酸盐骨料反应：硅酸盐水泥的主要成分是硅酸钙 $CaSiO_3$，在水化条件下，熟料会生成大量的 $Ca(OH)_2$、C_3S、C_2S，水化生成 C—S—H 凝胶体系的同时，大量的游离 Ca^{2+} 在水中游离与赤泥中的 Na^+ 发生取代反应，生成的 NaOH，在赤泥硅酸盐水泥砂浆中破坏了水泥中钙碱与骨料的反应活性，并在一定的环境下与活性骨料 SiO_2 发生化学反应，造成无机材料破坏，性能受损；反应生成的胶凝体会吸收环境中的水分而发生局部膨胀产生应力，破坏水泥的结合度，进而产生裂纹，造成硅酸盐水泥构造物的损坏。其主要反应为

$$CaO + H_2O \longrightarrow Ca(OH)_2$$

$$Ca(OH)_2 + NanC_2S \longrightarrow C—S—H + NaOH$$

$$2NaOH + SiO_2 \longrightarrow Na_2SiO_3 + H_2O$$

二是赤泥中的碱属于离子型化合物，非常容易电离，具有很强的游离性能；在赤泥硅酸盐无机材料的前、中、后期，其中的游离碱 Na^+ 很难被固化住，在潮湿的环境中会溶解于水中，Na^+ 电离产生的氢氧根离子与无机材料中的氧化物发生反应瓦解赤泥免烧砖中的硅酸盐物相的结构，生成胶体向外渗透，造成赤泥免烧砖的表面返碱、泛霜。其主要发生的反应为

$$MgSiO_3 + 2NaOH \longrightarrow Mg(OH)_2 + Na_2SiO_3$$

$$CaSiO_3 + 2NaOH \longrightarrow Ca(OH)_2 + Na_2SiO_3$$

$$Na_2CO_3 + Ca(OH)_2 \longrightarrow 2NaOH + CaCO_3$$

在赤泥硅酸盐无机材料中应严格限制赤泥掺加量，控制在10%以下不会产生严重的返碱、泛霜现象，这里指的是拜耳法高碱赤泥[3]。

参考文献

[1] 廖仕臻，杨金林，马少健．赤泥综合利用研究进展[J]．矿产保护与利用，2019(08)：21-27.

[2] 刘军勇，张留俊．强过盐渍土地区高速公路路基阻盐技术研究[J]．路基工程，2013(12)：70-74.

[3] 房永广．高碱赤泥资源化研究及其应用[D]．武汉：武汉理工大学，2010.

第 5 章　赤泥氯氧镁板材

5.1　氯氧镁水泥

早强水泥分为氯氧镁水泥、磷酸盐水泥、硫氧镁水泥等；这类水泥具有早期强度高、凝固时间短的优点；氯氧镁水泥是由轻烧氧化镁粉、氯化镁调配的卤水混合组成的 $MgO—MgCl_2—H_2O$ 胶凝体系[1]；在常温下能够形成坚硬的结构，具有优良的力学性能；氯氧镁水泥又称为 Sorel 水泥，这是为了纪念 Sorel 在 1867 年发明的这种早强水泥而命名的。氯氧镁水泥主要的胶凝物相为 $Mg_x(OH)_yCl_z \cdot nH_2O$，与硅酸盐水泥相比，氯氧镁水泥具有如下特点：

氯氧镁水泥的物相主要为 518 相、318 相。

$$5MgO+MgCl_2+13H_2O \longrightarrow 5Mg(OH) \cdot MgCl_2 \cdot 8H_2O$$

$$3MgO+MgCl_2+11H_2O \longrightarrow 3Mg(OH)_2 \cdot MgCl_2 \cdot 8H_2O$$

在反应化合方面，氯氧镁水泥属于水化水泥，硅酸盐水泥属于气化水泥；在强度方面，氯氧镁水泥的硬化时间短，在 2～7h 迅速硬化，7d 的抗压、强度可以达到 50～80MPa[2]。

5.1.1　氧化镁

轻烧氧化镁粉可以分为 3 种 75%（75 粉）、80%（80 粉）和 85%（85 粉）；在氯氧镁水泥中参与反应的氧化镁主要是活性氧化镁，活性 MgO 的定义为 MgO 在水中能够发生水化反应的氧化镁的百分含量[4]。

活性氧化镁计算的主要依据如下：氢氧化镁的初始热分解温度为 340℃，在 490℃分解完全，比氢氧化铝的分解温度高 140℃。它的总吸热量为 44.8kJ/mol，比氢氧化铝的总吸热量约高 17%。所以氢氧化镁在 300℃以下都是稳定存在的。

计算流程如下：

（1）精确称量轻烧氧化镁 Wg 试样，放在小型的玻璃称量瓶中，加入蒸馏水搅拌均匀；然后加热煮沸反应 8h 左右；

（2）对混合物料烘至恒重，烘干条件为温度 100℃、烘干时间为 12h；

（3）称量试样的增重 ΔW 按下式计算活性氧化镁的含量；

活性氧化镁的含量（%）$=\Delta W \times 2.222 \times 100\%/W_0$

轻烧 MgO 粉的细度和烧失量也会对性能产生影响，在其他条件相同的情况下，目数越大，MgO 粉越细，它的比表面积越大，水化反应速度越快，发热量越高，这样产品易出现裂纹；而目数越小，MgO 粉颗粒越大，水化反应能力变弱，会使试件结构松散，力学性能降低（表 5-1）。

表 5-1 氧化镁活性

温度（℃）	颜色	结晶状态	密度	火候
400～500 开始分解	淡白灰白	结晶 14nm	2.92	欠火
600～900 剧烈分解	粉白浅黄	小晶 25nm	3.33	正烧
＞1000	深黄土黄	较大粗晶 57nm	＞3.45	过烧
＞1600	深黄	粗晶＞62nm	＞3.7	死烧

5.1.2 氯化镁

氯化镁又称为卤块[5]，是指氯化镁结合 6 个水分子的产物；卤块极易吸收空气中的水分潮解流失，具有很强的腐蚀性能，对金属 Fe 有强烈的锈蚀行为，易溶于水和乙醇；加热到 100～160℃时失去结晶水，放出氯化氢。氯化镁储运需密封包装，防水防潮，不得与其他物品混杂。使用时需将 $MgCl_2 \cdot 6H_2O$ 配成水溶液，其浓度以波美度（°Bé）表示。

5.1.3 氯氧镁水泥物相

氯氧镁水泥中主要以 518 相提供较强的力学性能，浆体在 pH 值为 8～9 时，518 相大量生成的水化环境。在此 pH 值条件下 Mg^{2+} 离子的水解-配聚反应产生的多核水羟合镁离子 $Mg_3(OH)_5(H_2O)_m^{3+}$ 和 $Mg_6(OH)_8(H_2O)_m^{4+}$ 与卤水反应生成 518 相[6]。

5.2 制备工艺

氯氧镁水泥的原料配比对氯氧镁水泥的返卤性能具有较强的影响，为了验证氯氧镁配比对水泥返卤、返碱、泛霜的影响，设计了以下试验。分别取赤泥、氧化镁球磨混合达到物料均匀，加入由氯化镁配置的卤水，进行搅拌均匀，在 5cm×20cm×10cm 的模具内养护成型；养护条件：温度为室温 24℃，相对湿度在 60%左右，养护时间 24h 之后分别测试试样的抗压强度。

5.2.1 工艺配比

氯氧镁水泥的原料配比情况见表 5-2。

表 5-2 赤泥氯氧镁建材配比试验设计

原料编号	赤泥（%）	MgO A（%）	MgCl B（%）	锯末 C（%）	固碱剂 D（%）	添加剂 E（%）
M-01	45	20	14	20	0	0
M-02	45	15	11	28	0	0
M-03	45	18	12	24	0	0
M-04	45	19	12	24	0	0
M-05	45	17	10	27	0	0
M-06	45	22	13	20	0	0
M-07	45	20	12	22	0	0
M-08	45	23	12	19	0	0
M-09	45	23	11	21	0	0
M-10	45	17	10	26	0	0
M-11	45	20	10	25	0	0

5.2.2 力学性能

试样的力学性能见表 5-3。

表 5-3 试样的力学性能

试样性能		M-01	M-02	M-03	M-04	M-05	M-06	M-07	M-08	M-09	M-10	M-11
1d	抗折强度	5.26	3.82	4.78	5.73	4.06	5.97	6.45	5.73	5.97	5.02	4.78
	抗压强度	20.78	15.11	18.89	22.67	16.06	23.61	25.5	22.6	23.6	19.83	18.89
7d	抗折强度	8.69	6.12	7.78	9.14	6.42	9.82	10.5	9.82	10.2	8.69	8.31
	抗压强度	49.83	28.8	44.63	52.43	36.83	56.33	60.6	56.3	58.5	49.83	47.47

5.3.3 返卤

如图 5-1 所示，从表面返卤现象中可以看出，早强水泥表面出现的都是以毛状白色斑点为主的形貌，跟返碱、泛霜的薄层状的返碱情形不一样；可以确定试样表面的白色斑点的形貌属于氯化物的返出，属于氯氧镁水泥的特有的返卤现象。

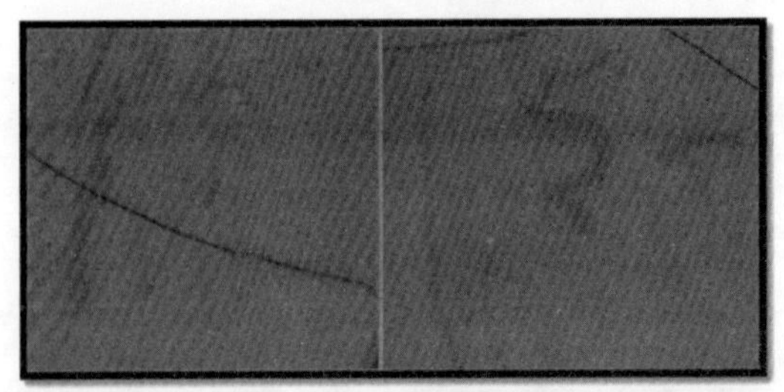

M-01表面返卤、泛霜（28d）　M-02表面返卤、泛霜（28d）

M-03表面返卤、泛霜（28d）　M-04表面返卤、泛霜（28d）

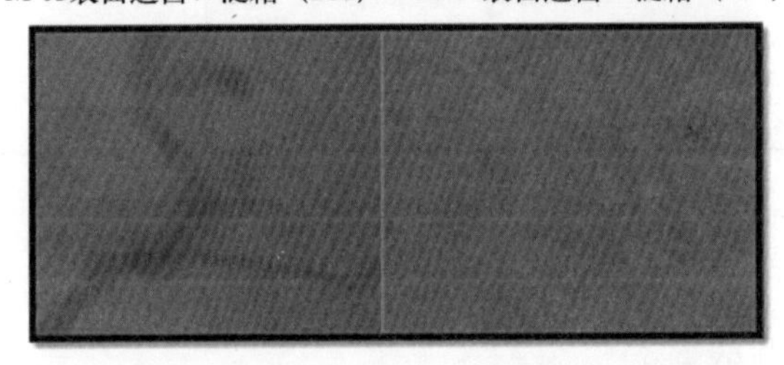

M-05表面返卤、泛霜（28d）　M-06表面返卤、泛霜（28d）

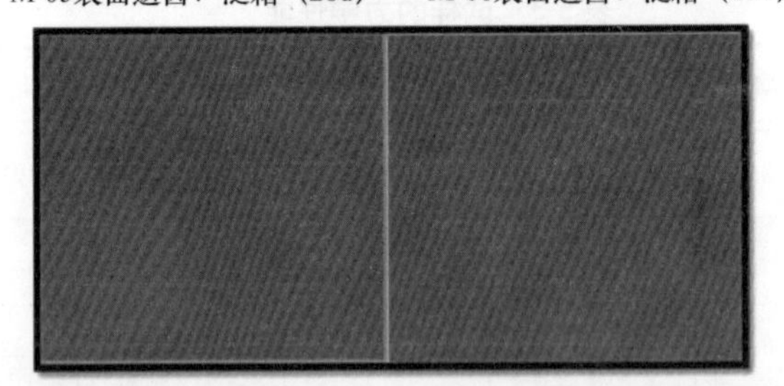

M-07表面返卤、泛霜（28d）　M-08表面返卤、泛霜（28d）

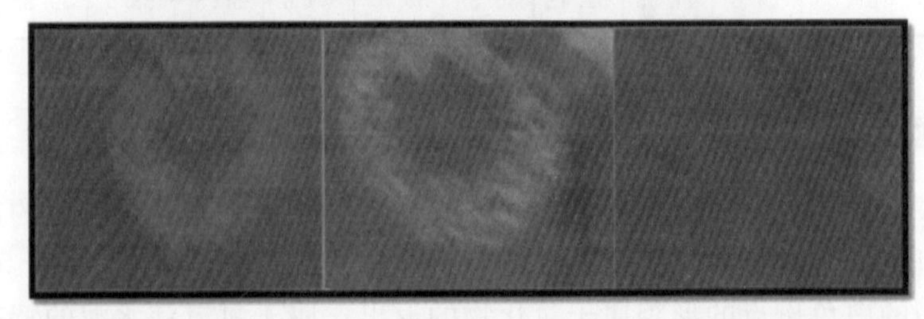

M-09表面返卤、泛霜（28d）　M-10表面返卤、泛霜（28d）　M-11表面返卤、泛霜（28d）

图 5-1　氯氧镁水泥无机材料的表面返卤、泛霜

养护是在室温条件下进行，样品表面部分出现某种程度的返卤、泛霜现象，但是大多数的返卤、泛霜现象没有发展成片；特别是 9 号、10 号样品表面的返卤、泛霜现象成环状，4 号、6 号、11 号表面出现轻微的返卤、泛霜现象，表观现象都比硅酸盐水泥无机材料的返碱、泛霜现象轻微得多。

5.3　改性剂

分别取赤泥、氯氧镁水泥胶粘剂掺加改性剂球磨混合，达到物料均匀即可，加入无钠水搅拌均匀，无钠水的加入量为混合物料质量分数的 12%；在 5cm×20cm×10cm 的模具内模压成型，在室温 24℃、相对湿度在 60%左右的环境下养护 24h 后，测试无机材料的抗压强度，放入温度 24℃、湿度在 90%以上的环境中，观察表面吸潮现象。

5.3.1　改性工艺

选择 6.5∶1 的摩尔比率，换算成质量比率见表 5-4。

表 5-4　不同早强水泥的掺加量赤泥免烧砖配比

编号\原料	赤泥（g）	MgO（g）	MgCl（g）	固碱剂（mL）
M-101	80	14.65	5.35	1
M-102	60	29.30	10.70	1
M-103	40	43.94	16.06	1
M-104	20	58.59	21.41	1

5.3.2　力学性能

不同早强水泥掺加量对赤泥氯氧镁建材力学性能的影响见表 5-5。

表 5-5　试样的力学性能

试样编号		M-101	M-102	M-103	M-104
7d	抗压强度（MPa）	17.9	39.6	73.1	61.2
28d	抗压强度（MPa）	15.8	58.7	118.9	98.6

5.3.3　返卤现象

从图 5-2 中可以得出，随着赤泥掺加量的增加，无机材料表面的返卤现象也在增加，与赤泥硅酸盐水泥中的水泥掺加量对无机材料返碱、泛霜现象的影响比较相似。

M-101表面返卤现象（28d）　M-102表面返卤现象（28d）

M-103表面返卤现象（28d）　M-104表面返卤现象（28d）

M-101表面返卤现象（28d）　M-102表面返卤现象（28d）

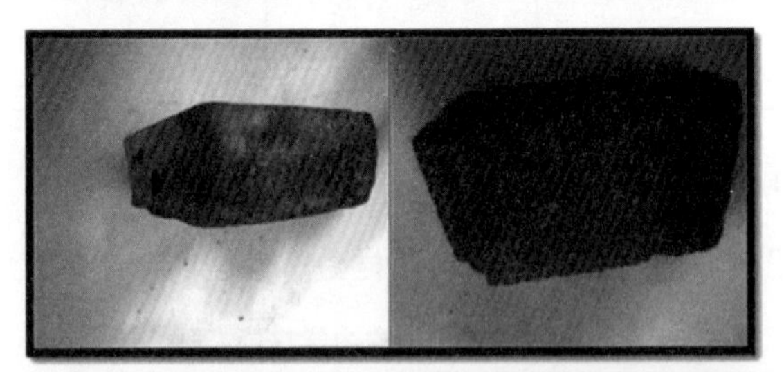

M-103表面返卤现象（28d）　M-104表面返卤现象（28d）

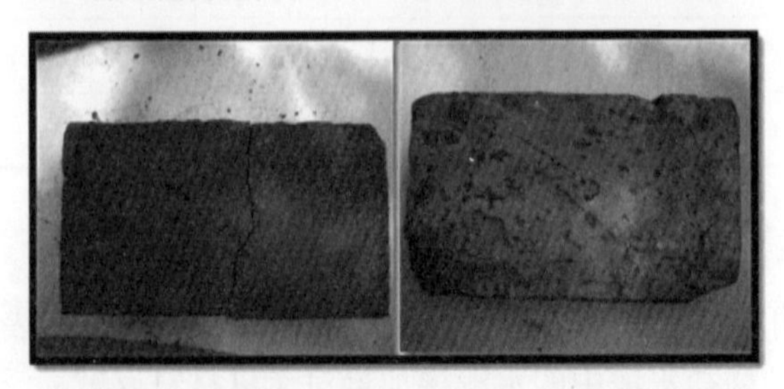

M-101表面返卤现象（28d）　M-102表面返卤现象（28d）

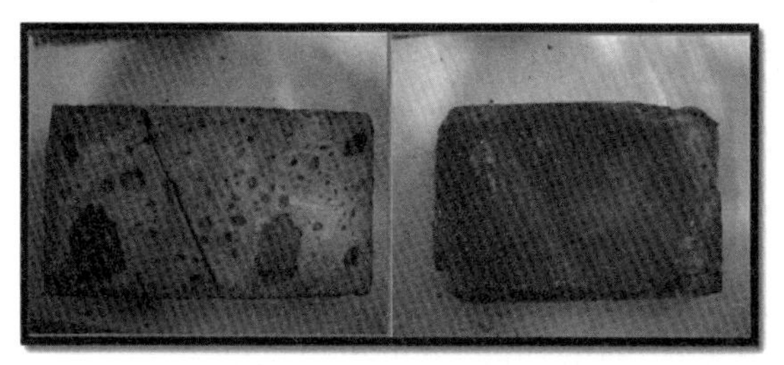

M-103表面返卤现象（28d）　M-104表面返卤现象（28d）

图 5-2　无机材料表面返卤现象图

5.3.4　泛霜现象

无机材料表面返碱、泛霜现象如图 5-3 所示。

M-102表面返碱、泛霜现象　M-103表面返碱、泛霜现象　M-104表面返碱、泛霜现象

图 5-3　无机材料表面返碱、泛霜现象

5.4　赤泥氯氧镁板材

5.4.1　赤泥板材返卤现象改性

针对无机材料表面返卤现象的问题，选择加入改性剂来抑制，改性剂是树脂类改性剂，型号为 HT-001。改性剂的加入量见表 5-6。

表 5-6　改性剂的加入量

物料名称	赤泥（g）	MgO（g）	$MgCl_2$（g）	改性剂（mL）
Tj-109	60	29.30	10.70	1
Tj-110	60	29.30	10.70	2
Tj-111	60	29.30	10.70	5
Tj-112	60	29.30	10.70	10

5.4.2　赤泥板材力学性能

改性剂的加入没有对无机材料的力学性能（表 5-7）产生较大影响，在此不做过多讨论。

表 5-7 无机材料的力学性能

试样编号		Tj-109	Tj-110	Tj-111	Tj-112
7d	抗压强度（MPa）	41.3	39.8	36.4	30.4
28d	抗压强度（MPa）	62.5	57.6	58.3	49.6

5.4.3 赤泥板材返卤现象监测

无机材料放在室温24℃，湿度60％的条件下，对无机材料的表面每日进行观察记录，未发现在材料表面出现返卤现象。记录情况见表5-8。

表 5-8 无机材料表面返卤情况

编号时间	改性剂			
	Tj109	Tj110	Tj111	Tj112
2d	无	无	无	无
3d	无	无	无	无
4d	无	无	无	无
5d	无	无	无	无
6d	无	无	无	无
7d	无	无	无	无
9d	无	无	无	无
30d	无	无	无	无

加入改性剂对返卤现象的抑制作用可以依据卤化物吸水性能特别强，能够吸附空气中大量的水汽润湿表面而进行鉴定。把无机材料放在室温24℃，湿度100％的条件下，记录无机材料表面吸附水珠的情况见表5-9。

表 5-9 试样表面吸附水珠情况

时间		1d	2d	3d
改性剂＋早强水泥	Tj-109	干燥	干燥	干燥
	Tj-110	干燥	干燥	干燥
	Tj-111	干燥	干燥	干燥
	Tj-112	干燥	干燥	干燥

从表5-9中可以得出，添加改性剂的无机材料表面未出现潮湿的现象。经过添加改性剂能显著地抑制赤泥氯氧镁建材返卤的现象。

5.4.4 现象分析

记录干燥后的返碱、泛霜程度见表5-10。

表5-10　试样表面返碱、泛霜情况

编号时间	改性剂			
	Tj109	Tj110	Tj111	Tj112
7d	无	无	无	无
8d	无	无	无	无
9d	无	无	无	无
10d	无	无	无	无
11d	无	无	无	无
12d	无	无	无	无
13d	无	无	无	无
14d	无	无	无	无

赤泥早强水泥表面均未出现返碱、泛霜的现象，说明早强水泥具有较强的抑制赤泥中游离碱返碱的性能。

5.5　赤泥板材分析

5.5.1　SEM

赤泥氯氧镁水泥无机材料的SEM照片如图5-4所示。

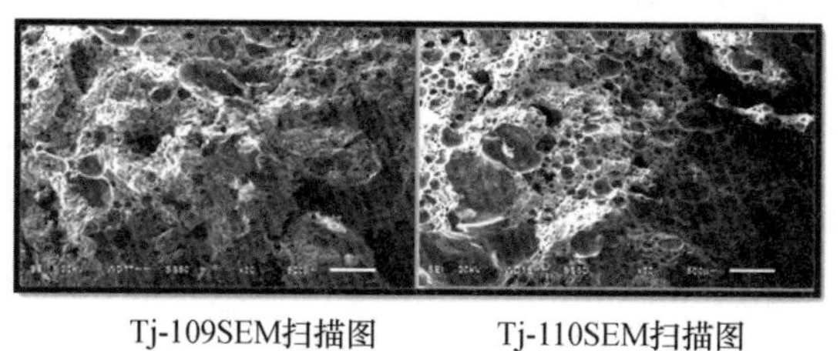

Tj-109SEM扫描图　　Tj-110SEM扫描图

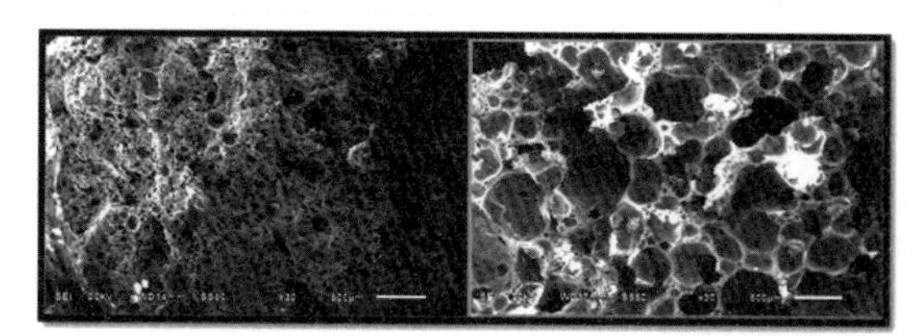

Tj-111SEM扫描图　　Tj-112SEM扫描图

图5-4　早强水泥无机材料的SEM图

5.5.2　SEM分析

通过掺加改性剂，改性剂中的磷酸盐类物相能够迅速与镁离子形成超早强水泥在赤泥氯氧镁建材的表面形成一层阻隔层，把赤泥颗粒包裹起来，减少水分子与赤泥中钠碱的接触面积。改性剂中的起泡剂在无机材料中形成大小不一的孔，随着气孔数量的增加，降低了毛细游离性能。

由于早强水泥控制了水分的加入量，并在早强水泥固化时与周围的游离水分化合，因而降低了游离钠碱的游离性能[3]。早强水泥在固化过程中能够由钠碱与镁盐络合反应进而固化，分子反应式为

$$NaOH+MgO+H_2O \longrightarrow Mg(OH)_2+NaOH$$

$$5Mg(OH)_2+MgCl_2+13H_2O \longrightarrow Mg_3(OH)_5(H_2O)_m^{3+}+5Mg(OH)\cdot MgCl_2\cdot 8H_2O$$

$$Mg_3(OH)_5(H_2O)_m^{3+}+Na_2SiO_3+NaOH \longrightarrow Na_2Mg_4SiO_6(OH)_2$$

早强水泥的早强性能是能够固化赤泥中钠碱的另一个非常重要的原因；可以描述为赤泥早强水泥，由于固化时间短，能够迅速地将浆体的流动性降低；硬化时间短，能够迅速地把浆体中有害物质固结住，降低其流动、泛出性能。

5.5.3 EDS

能量色散 X 射线光谱（EPS）试样元素含量见表 5-11～表 5-13。

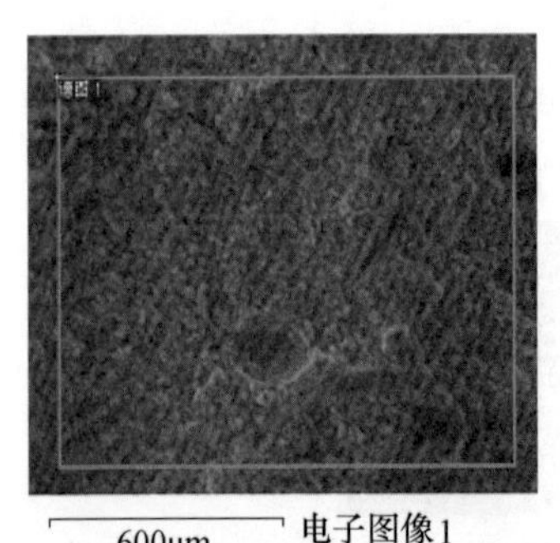

600μm　电子图像1

表 5-11　EDS 试样 BT102 元素含量

元素	质量百分比	原子百分比
NaK	10.28	14.77
MgK	1.76	2.39
AlK	17.13	20.97
SiK	22.65	26.64
SK	2.02	2.08
KK	0.76	0.65
CaK	23.59	19.44
TiK	1.71	1.18
FeK	20.10	11.89

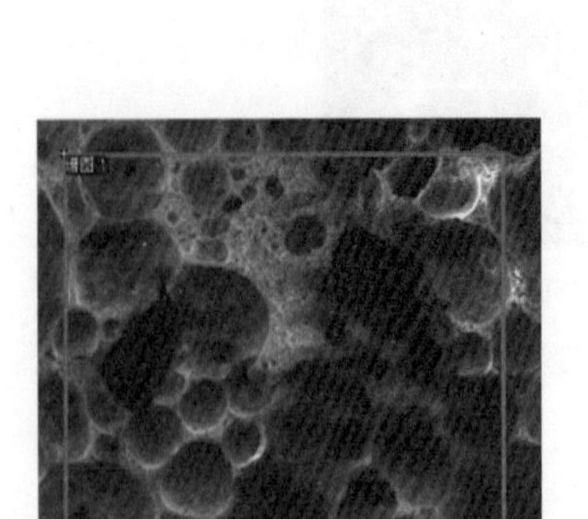

600μm　电子图像1

表 5-12　EDS 试样 BT110 元素含量

元素	质量百分比	原子百分比
NaK	8.54	12.59
MgK	1.75	2.45
AlK	15.84	19.91
SiK	20.90	25.23
SK	1.44	1.52
KK	0.75	0.65
CaK	27.89	23.59
TiK	1.52	1.07
FeK	21.37	12.98

电子图像1

表 5-13　EDS 试样 Tj112 元素含量

元素	质量百分比	原子百分比
CK	−0.15	−0.25
OK	54.06	69.22
NaK	4.11	4.02
MgK	13.80	11.37
AlK	5.80	4.40
SiK	5.58	4.00
SK	0.73	0.47
ClK	2.97	1.71
KK	0.49	0.26
CaK	0.86	0.44
TiK	0.83	0.36
FeK	10.92	4.00

5.5.4　EDS 分析

由以上的 EDS 分析可以确定，赤泥免烧砖中赤泥的返碱问题：一方面是，赤泥中大量的硅酸盐类物相与钠碱相互对立的问题；另一方面是钠碱的问题。由于钠碱与硅酸盐的对立，造成了返碱的严重性。

由 EDS 分析可以明确地确定，在赤泥免烧砖中，钠碱与硅酸盐能够反应成硅酸钠等物相，在不断的溶出过程中，硅酸盐赤泥免烧砖内钠盐组分明显增多，在 BT102 中赤泥平均钠碱的含量由 6.13%左右增加到 10.28%；在 BT110 中赤泥平均钠碱的含量由 4.08%左右增加到 8.54%；也就是说在硅酸盐水泥中钠碱的浓度出现了聚集升高的现象，硅酸盐类物相加剧了碱骨料反应，造成赤泥硅酸盐无机材料表面严重的返碱和泛霜的现象。由此可以表述为：在赤泥硅酸盐无机材料的前、中期，熟料在水化的过程中能够取代赤泥中钠化的铝硅酸盐类物相，形成游离的钠碱；在赤泥硅酸盐无机材料的后期，硅酸盐物相中能够游离的钠盐类在潮湿的环境中，吸潮水化时形成大量的游离钠碱类物相，与骨料发生反应生成 $NaO \cdot xSiO_2 \cdot yH_2O$，并随着水分的蒸发，造成表面局部的钠碱含量急剧的增高。

$$CaO+H_2O \longrightarrow Ca(OH)_2$$

$$Ca(OH)_2+NanC_2S \longrightarrow C—S—H+NaOH$$

$$2NaOH+SiO_2 \longrightarrow Na_2SiO_3+H_2O$$

由早强水泥 TJ112 的 EDS 分析可以很明显地看到，在早强水泥的物相元素分析中钠碱的含量为 4.51%，与原赤泥免烧砖中的钠碱平均含量 4.5%没有发生改变，钠碱在早强水泥中稳定地固化下来。

5.6 赤泥氯氧镁板材

5.6.1 赤泥板材检测报告

通过添加赤泥60%（质量百分比），氧化镁30%，掺和功能材料10%；添加卤片配置的浓度为28.5°左右的卤水的同时掺加0.5%～5%的改性剂混合均匀后经辊压挤出成型，凝固后自然硬化。性能检测完全达到国家对氯氧镁板材的力学标准（表5-14）。

表5-14 赤泥氯氧镁水泥板材的性能对比

项目	返碱性	泛霜性	防水性	含水率（%）	密度（kg/m³）	抗折强度（MPa）
实测	无	无	浸泡一月无碍	5.2	1000	8.6
国标	无	无	2h后破损	8	1000	8.0
项目	握螺钉力（N/mm）	干缩率（%）	氯离子含量（%）	软化系数	放射性能	抗冲击强度（kJ/m²）
实测	36	0.25	8.45	0.76	0.01	5.0
国标	20	0.3	10	—	0.1	1.5

赤泥板材检测报告和专利证书如图5-5所示。

5.6.2 赤泥板材应用

由于赤泥中含有氧化铁，板材的外观上能够很好地模拟木质板材的颜色，具有类似木质板材的优势（图5-6）。

赤泥氯氧镁水泥板材可应用于防火板，具有质量轻、分割方便、强度高、厚度薄等优点，可用于建筑物的非承重隔墙，我国现有建筑面积约400亿m^2，未来15年，每年新增建筑面积将达18亿～20亿m^2，隔墙面积约为建筑面积的2.5倍，也就是近50亿m^2的隔墙面板的市场需求量。

赤泥氯氧镁水泥板材可用于建筑物的防火墙，特别适用于对防火性能要求较高、人口密集的公共场所；如仓库、楼梯间、电梯井的墙、会议室、展览馆、体育馆、剧院等。

赤泥氯氧镁水泥板材可用于吊顶或楼板之间有风管、电缆或其他管线等地方的应急防火；比如，我国每年新增的吊顶面积巨大，特别是广大的农村市场，每年得有近10亿m^2的吊顶市场需求。

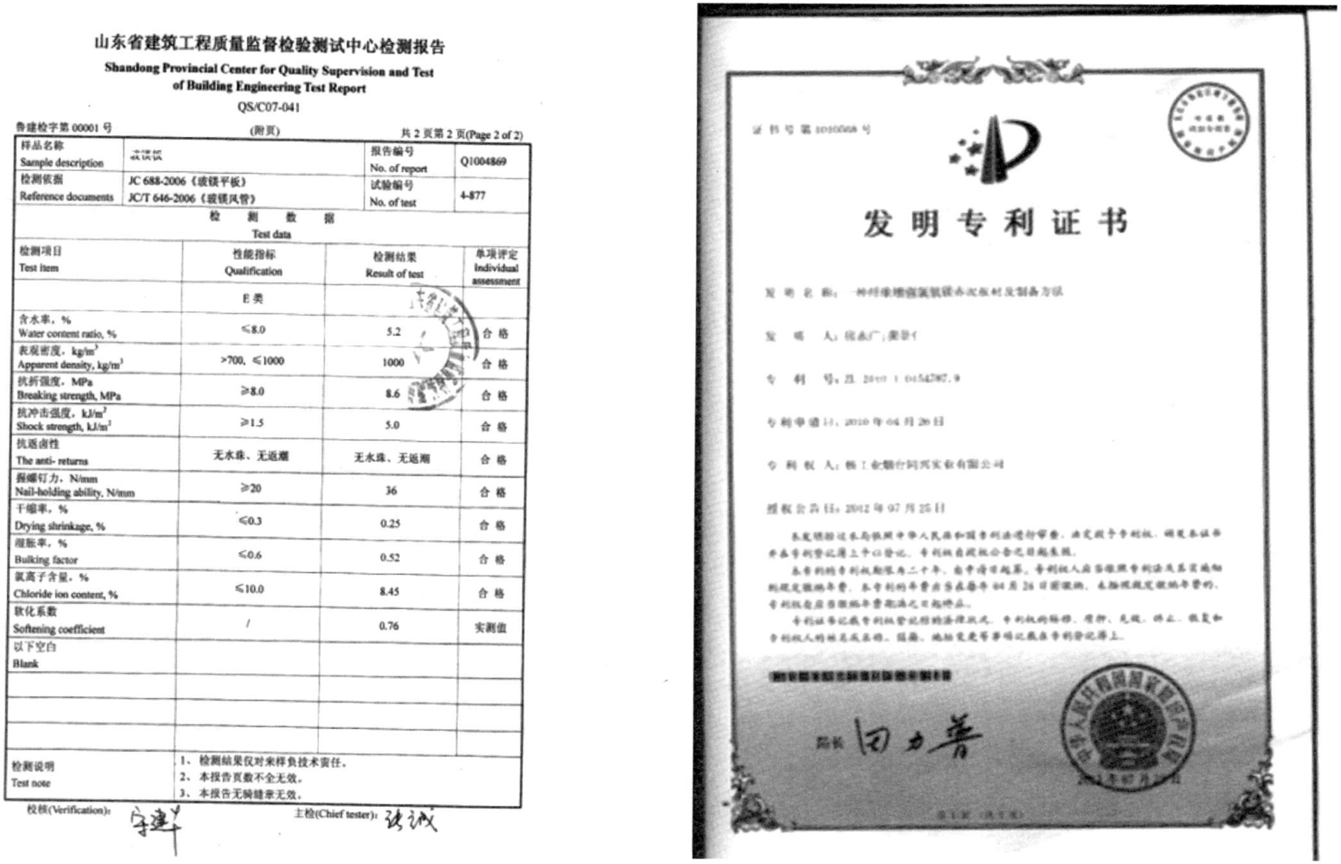

山东省建筑工程质量监督检验测试中心检测报告

Shandong Provincial Center for Quality Supervision and Test of Building Engineering Test Report

QS/C07-041

鲁建检字第 00001 号　　(附页)　　共 2 页第 2 页(Page 2 of 2)

样品名称 Sample description	[illegible]	报告编号 No. of report	Q1004869
检测依据 Reference documents	JC 688-2006《玻镁平板》 JC/T 646-2006《玻镁风管》	试验编号 No. of test	4-877

检测数据 Test data

检测项目 Test item	性能指标 Qualification	检测结果 Result of test	单项评定 Individual assessment
	E 类		
含水率，% Water content ratio, %	≤8.0	5.2	合格
表观密度，kg/m³ Apparent density, kg/m³	>700, ≤1000	1000	合格
抗折强度，MPa Breaking strength, MPa	≥8.0	8.6	合格
抗冲击强度，kJ/m² Shock strength, kJ/m²	≥1.5	5.0	合格
抗返卤性 The anti- returns	无水珠、无返潮	无水珠、无返潮	合格
握螺钉力，N/mm Nail-holding ability, N/mm	≥20	36	合格
干缩率，% Drying shrinkage, %	≤0.3	0.25	合格
湿胀率，% Bulking factor	≤0.6	0.52	合格
氯离子含量，% Chloride ion content, %	≤10.0	8.45	合格
软化系数 Softening coefficient	/	0.76	实测值
以下空白 Blank			
检测说明 Test note	1、检测结果仅对来样负技术责任。 2、本报告页数不全无效。 3、本报告无骑缝章无效。		

校核(Verification)：　　主检(Chief tester)：

发明专利证书

图 5-5　赤泥板材检测报告和专利证书

赤泥氯氧镁水泥板材可用于钢结构防火保护，未经防火处理的钢结构遭受火灾时，会在20min内倒塌。赤泥氯氧镁水泥板材安装方便，使用时间长，不会老化，也不会像涂料由于粘结力不够而脱落，装饰性好可代替二次装修。其具有综合造价低等优势。我国的钢结构的建筑面积约占总建筑面积的26%。

图5-6 赤泥板材

目前市场上石膏板每张（1200mm×2400mm×8.5mm），成本价为15元左右，市场价为20元左右；隔墙条板的价格一般在95元/m^2左右；赤泥板材的成本为10.35～15元/张，成本相当，性能更加优异，其市场竞争力显而易见。

参考文献

[1] 葛绍进，张旭，王红宁，等．高活性MgO对低温氯氧镁水泥物相及性能的影响[J]．硅酸盐学报，2019(04)：865-873.

[2] 王诚，黄赛赛，聂玉静，等．活性氧化镁对氯氧镁水泥收缩性能和抗折强度的影响[J]．混凝土，2018(12)：100-103.

[3] 冯超，关博文，张奔，等．减水剂作用下氯氧镁水泥中水分侵蚀行为[J]．非金属矿，2019(03)：41-44.

[4] 郭杰，刘百宽，田晓利，等．工业活性轻质氧化镁应用研究进展[J]．工业炉，2019(03)：1-5.

[5] 宁亚瑜，张冷庆，丁向群．几种因素对氯氧镁水泥性能的影响[J]．硅酸盐通报，2016(07)：2287-2290.

[6] 韩鹏，王永维．镁水泥混凝土配合比设计研究[J]．现代交通技术，2018(04)：18-21.

第6章　赤泥陶粒

6.1　陶粒

陶粒是以黏土、粉煤灰、页岩、废渣等为原料，经加工、制粒、烧制而成的一种人造轻骨料，是一种节能、环保、资源再利用的新型材料。陶粒充分利用了工业固体废弃物，可以说是利废为宝、变废为宝、废物利用的绿色产品。

陶粒为棕灰、铁灰、暗红色，内部为铅灰、灰黑色，外有一层隔水保气的玻璃相层，内含微孔、多孔、蜂窝状结构的陶质粒状材料；粒径大于或等于5mm的叫陶粒，小于5mm的称为陶砂。全国陶粒总产量近450万m^3，广泛应用于建筑、冶金、石油、化工、农田、水利、交通、园林、花卉等行业。多孔陶粒是一种具有较多孔洞、高开口气孔率的陶瓷材料，具有耐高温、高压、抗酸、使用寿命长、产品再生性能好等特点，广泛用于过滤、分离、隔热、载体、反应、传感及生物等领域。

由于赤泥含有较多的阳离子，因此，赤泥对Cu^{2+}、Zn^{2+}和Pb^{2+}等重金属离子吸附率高达99%[1]，而且赤泥的碱金属含量高、颗粒细，更有利于烧结成稳定的孔架状结构，赤泥烧结工艺明显增大陶粒烧结强度，有利于颗粒在水介质中的稳定性。赤泥基吸附轻质陶粒、多孔陶粒等解决了赤泥不利于回收的问题，达到了以废治废的目的。赤泥陶粒还可以通过负载有机、无机材料，增强陶粒的吸附性能，也可以采用工、农业废弃物为辅料，部分或完全替代生产过程中所需粘结作用、致孔作用的化学试剂，达到节省试剂消耗、降低生产成本的目的。

陶粒是在高温下制成的，由某些特种性质的黏土在高温下熔化而释出气体，产生膨胀，表面高温烧结玻璃化，轻质、坚硬、具有蜂窝结构的产品。按照陶粒的堆积密度的不同，陶粒可以分为普通轻质陶粒（510.00～1200.00kg/m^3，相应的颗粒密度基本在1000kg/m^3以上）、超轻陶粒（≤500.00kg/m^3，颗粒密度基本小于1000kg/m^3）和高强陶粒（强度≥25MPa）。冶金工业用陶粒与陶砂作保温骨料，配制冶金用保温砖、块、填充保温隔层等。石油、化工部门用陶粒作滤料和填充料。园林部门用陶粒作为无土栽培的基床材料，城市绿化中用陶粒铺盖花、树根部，既美观又保水节肥，近几年发展了花卉陶粒，利用陶粒的微孔多孔结构，可作为花、草植物生长的水肥调节料。陶粒也可作为水的净化剂、城市污水的过滤料、自来水公司净化水等。轻工部门还利用陶粒、陶砂作特种磨料。

施工中应用陶粒制作混凝土空心砌块。

陶粒应用广泛，陶粒的名称、分类、性能、用途、施工方法等内容较多，可参考行业和国家标准，见表6-1。

表6-1　陶粒标准

标准名称	标准号	标准等级
《陶粒滤料》	QB/T 4383—2012	行业标准
《公路工程 高强页岩陶粒轻骨料》	JT/T 770—2009	行业标准
《轻集料及其试验方法 第1部分：轻集料》	GB/T 17431.1—2010	国家标准
《水处理用人工陶粒滤料》	CJ/T 299—2008	行业标准
石油化工管式炉轻质浇注料衬里工程技术条件	SH/T 1045—2000	行业标准

建材用陶粒是一种人工骨料，其表观密度一般在0.8～2.0g/cm^3范围，较天然骨料表观密度低得多（一般表观密度范围为2.4～2.8g/cm^3）[2]，因而具有许多天然骨料不具有的性能，保温隔热、吸声隔声、耐高温、抗老化、无放射性、环保节能、抗震和耐久性而广泛地应用在轻质混凝土、轻质砖瓦等建材产品中，在岩土充填、绝热材料、土壤工程、无土栽培、排水系统、屋顶花园和过滤材料方面的应用也日益增多。

6.2　赤泥陶粒

6.2.1　陶粒原料

传统陶粒的生产原料为黏土、页岩等天然原料。为了保护环境和满足市场对陶粒需求的增长，已开始大量使用工业固体废物，如尾矿、粉煤灰及其他固体废物制备陶粒。陶粒制备的关键因素是原料的组分，原料中必须含有两种重要组分：高温下能产生气体的组分，高温下能生成黏度足够大，不使产生气体外逸的熔融相组分。前者组分也称发泡剂，它决定着气体产生量的多少，决定着陶粒表观密度的高低。一般发泡剂包括有机物、碳酸盐、硫化物、氧化铁和某些矿物的结晶水以及某些高温能产生气体的钠盐，如碳酸钠和硝酸钠，或木屑等；后者主要包括SiO_2、Al_2O_3组分，陶粒表观密度的高低与它们形成的高温熔融相的黏度密切相关，黏度越大，熔融相抑制气体外逸的能力越大，包裹的气体量就越多，陶粒表观密度越低。

陶粒是黏土类原料高温作用下形成部分熔融的陶质颗粒，陶粒在焙烧过程中，当温度较低时，失去部分的质量，没有液相的出现，陶粒不能够膨胀。随着温度的升高，陶粒开始出现液相，同时发泡剂产生的气体和具有一定黏性的液相互相作用形成一定的膨胀气压，达到一个动态的平衡，使得陶粒发生膨胀。当陶粒达到最佳焙烧温度时，各配比的料球膨胀性能达到最好，随之表观密度也达到最低。当温度超过最佳焙烧温度时，陶粒液相急剧增多，使料球发生粘结，表观密度上升。

烧制陶粒原料的成分可分为（1）成陶组分 Al_2O_3、Fe_2O_3 与 SiO_2；（2）助熔组分 FeO、MgO、CaO 与 Na_2O 等；（3）造气成分在高温时逸出的气体，包括 CO、CO_2、H_2O 与 H_2 等。这三种组分影响陶粒对重金属离子的吸附效果。赤泥陶粒主要以硅、铝质原料烧制而成，要求原料必须以 SiO_2 和 Al_2O_3 为主体成分。如果 SiO_2 和 Al_2O_3 不足，陶粒是难以烧制的。SiO_2 和 Al_2O_3 在高温下产生熔融，经一系列复杂的化学反应，然后形成陶质、瓷质、玻璃质，赋予陶粒最本质的“陶”的技术特征[3]。

国外学者 Riley[4]在研究陶粒制品的烧胀性能时，提出了陶粒原料化学成分的 Riley 三角形要求，并具体确定了在某温度范围内。Riley 等研究指出，烧制陶粒获得高强轻质等优良性能应满足 2 个基本条件：首先要求焙烧阶段料球具有良好的膨胀性能，即要求高温下有适当的液相量及黏度产生，并有足够的气相均匀分散于液相中；其次要求产品冷却阶段在陶粒表面有一层坚硬的外壳，产生高强及封闭气孔的作用。并指出制备陶粒混合料较佳的成分为：SiO_2 60％～70％，Al_2O_3 15％～25％，助熔剂含量之和为 12％～21％[5]（图 6-1）。

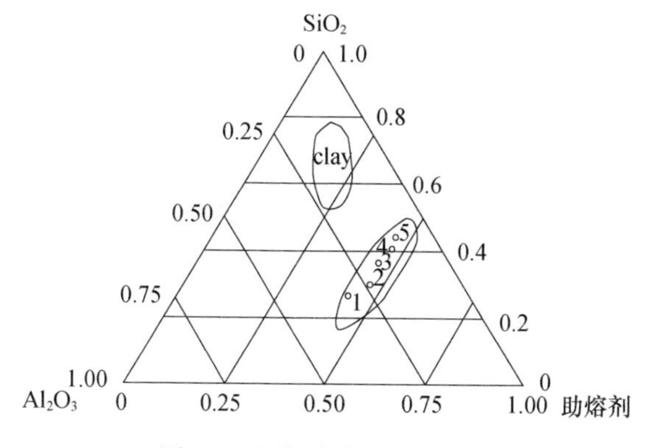

图 6-1　原料成分组成三角图

6.2.2　赤泥陶粒原料

赤泥的 SiO_2、Al_2O_3 和 Fe_2O_3 为陶粒的主要组成成分。赤泥陶粒以赤泥为主要原料，添加相应的成分调节剂，参考 SiO_2—Al_2O_3—助熔剂三元法原料化学成分 Riley 三角形进行配料，烧制而成。赤泥具有较高的烧失量，在高温烧结过程中水合矿物和碳酸盐矿物等分解并释放出水分或气体的物质，形成多孔结构。

赤泥固体物颗粒粒径为 0.005～0.10mm[6]，经过对不同颗粒大小的赤泥组成进行研究，其成分含量及矿物组成虽有不同，但有规律。大量数据分析表明，大颗粒为不溶硅和未反应的铝石及铁氧化物；随着颗粒的减小其氧化铁含量在增高，硅含量逐步增高；但是到粒度过半后则硅铝含量增大，铁含量减少。通过粒度与化学含量分析，将赤泥按粒度及含量分布分为 4 类：大于 80 目的占 12%；80～150 目占 13%；150～220 目占 15%；220～300 目占 31%，小于 300 目的占 29%。

表 6-2　赤泥不同细度成分组成表

目数	>80 目（%）	80～150 目（%）	150～220 目（%）	<220 目（%）
Fe_2O_3	53	55	48.2	32.2
Al_2O_3	18.5	21.4	24	26.5
SiO_2	15.6	16.1	18.3	23.7

拜耳法赤泥中含有较多的水化石榴石、羟基方钠石、水合铝硅酸盐、方解石、赤铁矿、钙钛矿等物相，这些物相在高温下会发生很多的演变。赤泥中还含有较高含量的碱性氧化物，其融点较低，在高温下赤泥微粒表面易溶融相互粘连，促成各矿物成分的反应，新生成矿物结晶在胚体内形成网络结构，从而使烧制后成品具有较高的强度。刘恒波等[7]研究了赤泥中石榴石在 1100℃时发生表面软化和烧结，认为赤泥铝硅酸盐是一种非晶质化合物，在高温状态下，赤泥中的 CaO 可以与其发生固相反应形成铝酸盐，使其部分分解形成新的物相，提高烧结强度。水合铝硅酸盐和羟基方钠石占有 25%的比率，这几种矿物不完全具有标型矿物的特点，也不是铝土矿原矿中带入的伴生矿物，它们是在拜耳法生产氧化铝工艺中，在 230～270℃、高压（2.3～3MPa）、高碱（Na_2O 浓度 280～300g/L）、苛性比大于 3.5 和长时间浸出铝土矿过程中转化形成的新生态产物，铝硅酸盐是一种非晶质化合物，在高温状态下，赤泥中的 CaO 可以与其发生固相反应，形成铝酸盐，使其部分分解形成新的物相，对烧结强度有较好的贡献。在 1100℃时，赤泥中的水合石榴石失水后形成钙铝石榴石（$3CaO \cdot Al_2O_3 \cdot 3SiO_2$）；水合硅铝酸钙（$CaO \cdot Al_2O_3 \cdot 2SiO_2 \cdot xH_2O$）失水后形成的非晶质化合物（$CaO \cdot Al_2O_3 \cdot 2SiO_2$）；水合硅酸钠和羟方钠石形成钠长石（$Na_2O \cdot Al_2O_3 \cdot 6SiO_2$）、硬玉（$Na_2O \cdot Al_2O_3 \cdot 4SiO_2$）、霞石（$NaAlSiO_4$）结构的同质异构体；白云石、三水铝石反应得到 $CaO \cdot Al_2O_3$ 和 $MgO \cdot Al_2O_3$；一水硬铝石、方解石在高温下转换得到 $CaO \cdot Al_2O_3$、$3CaO \cdot Al_2O_3$、$5CaO \cdot 3Al_2O_3$ 等化合物。这些高温下形成的矿物粒子，被烧结过程中形成的玻璃体粘结，可以形成具有较高强度的烧结制品。当难熔成分 SiO_2 和 Al_2O_3 含量增加，陶粒烧成温度较高，且产生的液相黏度也较大，对烧成设备和陶粒的烧成不利，陶粒强度降低；当 K_2O、Na_2O、CaO、MgO、Fe_2O_3 等熔剂组分含量较高时，烧成温度较

低，液相黏度较小，对膨胀有利，陶粒强度高，但耐久性较差。

6.2.3　成分调节剂

陶粒的骨架和受力框架主要为Si、Al质矿物。赤泥中的SiO_2和Al_2O_3等氧化物是烧制陶粒的主要成分。为调整赤泥基陶粒原料的Si/Al比，通常选用石英砂、粉煤灰、玻璃粉、膨润土等作为成分添加剂，提高硅铝比。王萍、李国昌等[8]对赤泥及辅料进行干燥、破碎、粉磨，过100目筛备用。辅料中通过补充硅砂调整配料SiO_2的含量，石英在高温条件下与赤泥原料中的Na_2O、Al_2O_3等组分作用形成钠长石物相，有效提高了陶粒基体强度和耐酸性能，但过多添加将提高制品烧成温度，影响气孔率、表观密度、陶粒强度等性能。粉煤灰中含有大量的玻璃相，利用玻璃相促进烧结、抑制膨胀变形。页岩中含有较多的SiO_2和Al_2O_3，本身又有塑性，起到一定的粘结作用，并同时调整陶粒中的Si/Al比，使制品能够形成较为致密的烧结体。废玻璃可提高原料的SiO_2、Al_2O_3含量，确保高温下生成大量的具有适宜黏度及数量的液相以抑制气体的外逸，加入玻璃粉的主要目的是增宽烧结温度范围，改善烧结状况，且只在分组试验中赤泥组分较高的情况下加入。膨润土可提高陶粒原料的SiO_2、Al_2O_3含量，还可以提高原料的可塑性，克服赤泥本身可塑性不足带来的成球困难问题，膨润土的质量分数对陶粒的筒压强度有较大影响，对表观密度、吸水率的影响较小，配加膨润土后，陶粒的筒压强度迅速增大，表观密度略有减小，吸水率则变化不大[9]。

6.2.4　赤泥陶粒造孔剂

制备高强轻质陶粒关键在于气孔率大小与强度高低这对矛盾的综合要求：孔大、分布不均匀，易引起材料中出现脆性带、强度低；孔隙率小、高强，但颗粒表观密度大、不轻质，因此在生料球处在高温熔融下产生适宜的气孔极为关键[10]。颗粒堆积可制备孔状陶粒，陶粒内部疏松膨胀并形成多孔状结构主要是因为其内部的有机质在高温时会发生作用产生气体。添加造孔剂在高温条件下陶粒发生了化学反应，内部产生气体，使材料膨胀，在陶粒的内部形成了许多孔洞，因而具有蜂窝状结构。造孔剂有助于提高孔隙率，改善孔隙结构。

陶粒的轻质蜂窝状结构完全是由其在高温中的膨胀而形成的，而膨胀的原因主要是由于温度升高之后出现的一系列化学反应，在具有一定黏度的材料内部释放出气体，气体的释放使材料膨胀，所释放气体主要为CO_2、CO、SO_2。在黏性状态的黏土内部形成了类似球形的孔洞，因而具有蜂窝状结构。在烧结过程中，陶粒内部矿物成分和有机物释放出气体，另一方面，陶粒在熔融过程的黏度应足够大，所发生的表面张力束缚气体逸出，足以把释出的气体包裹起来。产生气体的原料成分主要有碳酸盐类（$CaCO_3$、$MgCO_3$）、硫化物类（FeS_2、S）、氧化铁类（Fe_2O_3）和碳类。在加热焙烧条件下，发生一系列化学反应，释放气体[2,4]。

（1）碳酸盐的分解反应

$$CaCO_3 \longrightarrow CaO + CO_2 \uparrow \quad (850 \sim 900℃)$$

$$MgCO_3 \longrightarrow MgO + CO_2 \uparrow \quad (400 \sim 500℃)$$

（2）氧化铁的分解与还原反应（1000～1300℃）

$$2Fe_2O_3 + C \longrightarrow 4FeO + CO_2 \uparrow$$

$$2Fe_2O_3 + 3C \longrightarrow 4Fe + 3CO_2 \uparrow$$

$$Fe_2O_3 + C \longrightarrow 2FeO + CO \uparrow$$

$$Fe_2O_3 + 3C \longrightarrow 2Fe + 3CO \uparrow$$

（3）硫化物的分解与氧化反应

$$FeS_2 \longrightarrow FeS + S \uparrow \quad (近\ 900℃)$$

$$S + O_2 \longrightarrow SO_2 \uparrow$$

$$4FeS_2 + 11O_2 \longrightarrow 2Fe_2O_3 + 8SO_2 \uparrow \quad [氧化气氛，(1000 \pm 50)℃]$$

$$2FeS + 3O_2 \longrightarrow 2FeO + 2SO_2 \uparrow$$

（4）碳的化合反应

$$C + O_2 \longrightarrow CO_2 \uparrow$$

$$2C + O_2 \longrightarrow 2CO \uparrow \quad (缺氧条件下)$$

$$C + CO_2 \longrightarrow 2CO \uparrow \quad (缺氧条件下)$$

硝酸钠是一种能在高温下产气的物质，其高温产气反应为 $4NaNO_3 \longrightarrow 2N_2 + 2Na_2O + 5O_2$。高温下能够形成多孔形态的主要物质，主要为有机质和高温产气类物质。赤泥中方解石和水钙榴铝石在高温下具有热不稳定性，水钙榴铝石会脱除其中的结晶水，由于结晶水是在温度低于 550℃下持续不断地被脱除的，因此很难将赤泥中的结晶水用作发泡剂。方解石会分解产生 CO_2 气体，由于方解石分解温度范围窄，容易通过控制预热温度，再快速升温使原料中的 SiO_2、Al_2O_3 熔融而包裹所产生的 CO_2 气体。因此，控制预热温度低于方解石强烈分解的温度 687.17℃，就有可能将赤泥中的方解石作为发泡剂使用，使其具有高温发泡作用[11]。

利用煤粉燃烧产生孔隙是更为有效的途径，而且可以通过添加助燃剂使其充分燃烧，获得的孔隙分布更为均匀，还可通过控制煤粉粒度控制材料中气孔的平均直径[12]。煤粉掺量过少，氧化铁还原不充分，膨胀气体不足，使制品表观密度增大；煤粉掺量过多则多余的煤粉被干馏成碳素存在于制品内部，对强度不利[22]。在氧化气氛下，CO 从 600℃左右开始产生，当温度超过 1000℃时，CO 逸出量增多，由于 CO 是 Fe_2O_3 与碳之间反应的产物，它的出现不仅消耗未燃尽的煤，而且消耗 Fe_2O_3，所以在 600℃以上温度长时间预热，膨胀会受到影响。另外，在陶粒的膨胀温度范围内，逸出的气体主要是 CO，说明 CO 是主要膨胀气体[2]。当炭为成孔剂掺量为 6%时，陶粒内部气孔分布比较均匀，形状不规则，孔径大小不均匀，以封闭气孔为主，也存在少量开放气孔，同时，陶粒内部气孔间壁致密，陶粒性能最佳，其表观密度为731kg/m³，堆积密度为547kg/m³，筒压强度为3.3MPa，吸水率为9.7%。

6.3　赤泥陶粒烧制

6.3.1　制备工艺

陶粒生产线一般都要采用原料均化、制粒、焙烧、冷却的生产工艺。根据原料的种类及特性，其制粒工艺如下：

（1）塑性法工艺：适用于黏土及黏土质原料，其流程：黏土→塑化、匀化→对辊制粒→焙烧→冷却→成品。

（2）泥浆成球工艺：适用于粉煤灰或其他粉状原料，其流程：粉煤灰→混合匀化→成球盘制粒→焙烧→冷却→成品。

（3）粉磨成球工艺：适用于页岩、泥质页岩与煤矸石等原料，其流程：页岩→烘干→粉磨→预湿→成球盘制粒→焙烧→冷却→成品。

（4）破碎（干法）工艺：适用于页岩等原料，其流程：页岩→破碎分级→焙烧→冷却→成品。

可根据当地燃料供应情况，采用烟煤、重油或天然气。

赤泥陶粒成球方式大多采用圆盘成球机法。圆盘成球机成球量大，适用于工业生产，成球机转速20～30r/min，圆盘倾角40°～50°，喷雾加水，待料球直径达到0.5mm左右时停机出料，室内自然干燥24h，再在干燥箱中100℃干燥6～8h待用。利用赤泥、煤矸石、粉煤灰制备陶粒基本流程如图6-2所示。

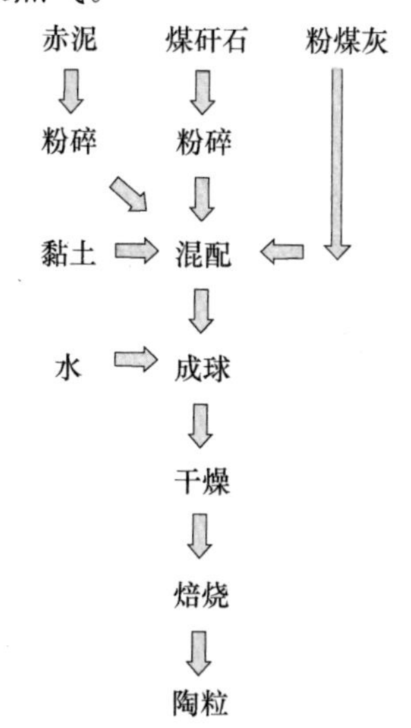

图6-2　陶粒制备基本流程图

万军、刘恒波等[7]将赤泥、页岩、煤粉及硅砂等原料磨细、混合均匀，经成球机成球、烘干、烧结、分级后得到赤泥烧结陶粒，烧结机温度1100℃，保温时间45min。陈新年等把陶粒自然风干后放入105℃烘箱进行干燥，干燥后陶粒在500℃马弗炉内保温挥发结晶水后，在1000℃保温烧结20min，陶粒筒压强度4.3MPa。谢武明等[13]在100℃鼓风干燥机中干燥陶粒24h，在400℃预热30min，然后在1150℃烧结5min，陶粒抗压强度高达24.5MPa。费欣宇等[14]以糖蜜酒精废液为胶粘剂，将赤泥球置于50℃烘箱内干燥3h，再将烘箱升温至120℃并保温1h烘除陶粒内水汽，制得生料小球。将生料小球在686℃马弗炉预烧制（约15min），将马弗炉升温至所需温度，并保持一定时间后取出坩埚，制得赤泥基陶粒。符勇等[15]将直径 5～10mm 的圆球，放入干燥箱 105℃干燥 2h 后，自然冷却至室温。将冷却后的样品放入马弗炉烧结。谢襄漓等以赤泥为主要原料，用自然冷却和快速冷去方式分别制备出烧胀陶瓷，陶粒的膨胀率达到 160%～175%，吸水率 7%～14%，筒压强度 210～312MPa，颗粒密度为 1100kg/m^3。

6.3.2 预热制度

谢襄漓、王林江、赵建新、周静等[16]认为预热的过程在赤泥陶粒的烧制中的作用非常重要，因为预热过程相当于一个缓冲阶段，这一阶段赤泥陶粒内部会发生一系列化学变化，化学组成有所改变，同时会产生一定气体。预热温度过高时，赤泥陶粒烧制过程会产生一定气体，而此时陶粒的结构不稳定，未达到最佳黏度，这些气体会影响其内部孔隙结构的形成，从而影响赤泥陶粒轻质性能。赤泥陶粒原料中的吸附水在 100℃开始挥发；含硫气体在 400℃左右挥发；黏土中结晶水的释放温度是 600℃左右；碳酸盐矿物从 700℃开始分解反应并产生 CO_2；而由 Fe_2O_3 与碳作用产生 CO_2 气体的有关反应发生在 1100℃左右。如果物料入炉时温度过低，在原料内部和外表面都将经历相同的温度升高过程，在气体产生时表面还没有来得及形成玻璃化状态，从而导致气体的逸出。

如果温度太高，原料中的水分在短时间内挥发产生的大量气体可能导致陶粒爆裂。对于赤泥陶粒的烧胀试验，起主要膨胀作用的气体来自 Fe_2O_3 与碳反应产生的 CO_2 气体。因为预热时间过短时没有很好地调整生料球的化学组成，而预热时间过长时陶粒烧制过程中产生的气体过早地逸出，影响了赤泥陶粒的孔隙率，从而影响赤泥陶粒对重金属离子的吸附效果。

预热温度对陶粒表面玻璃化和膨胀起着重要作用。过低的预热温度将导致陶粒表面来不及形成玻璃化而使产生气体外逸，过高的预热温度则可能使原料中的水分在短时间内挥发产生大量的气体而导致陶粒爆裂。

6.3.3 烧成制度

魏红姗、马小娥等[17]通过以拜耳法赤泥、玻璃粉和钾长石为原料，采用可燃物燃尽发泡法制备轻质保温陶瓷，发现赤泥中 Na_2O、Al_2O_3 与 SiO_2 生成 $NaAlSiO_4$，碱金属氧化物被固化在 $NaAlSiO_4$ 中，试块在去离子水中浸出液的 pH 值稳定在 7.6。烧结陶粒 pH 值及烧结陶粒 XRD 如图 6-3 和图 6-4 所示。费欣宇、李海燕等[14]通过加入玻璃粉提高陶粒配料中 SiO_2 含量以增大陶粒硬度，同时将碱性物质稳定封存固化于陶粒的目的。对陶粒进行水体浸泡溶碱试验，发现检测 pH 值约为 6.76，赤泥碱性物质稳定封固于所制备陶粒内而无溶出。

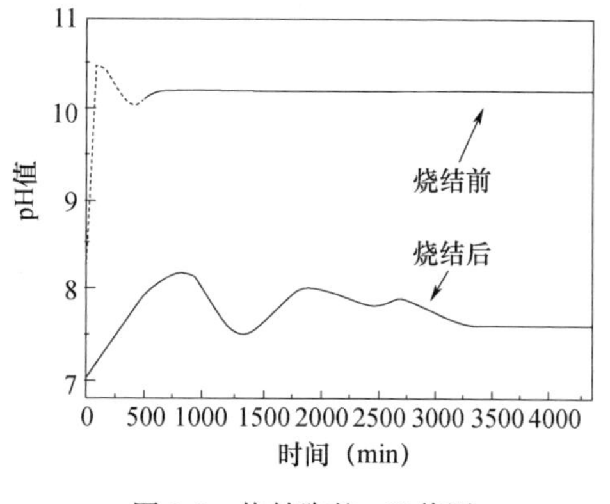

图 6-3　烧结陶粒 pH 值图

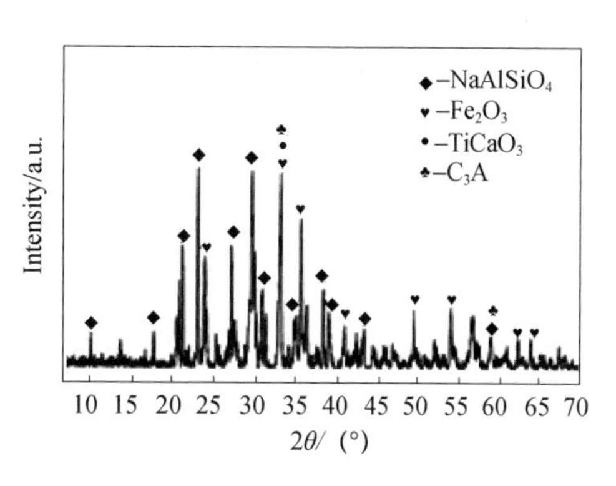

图 6-4　烧结陶粒 XRD 图

温度是陶粒烧制的决定因素，烧结温度决定陶粒生料中矿物熔融程度，对陶粒烧胀性能影响明显。魏红姗等[17]选取 1040～1100℃为煅烧温度范围。符勇等将赤泥、铝土尾矿、污泥经过 1150℃焙烧，陶粒筒压强度最高到 16.19MPa，堆积密度为 866.75kg/m^3，吸水率为 9.7%。谢武明等掺入煤粉认为烧结温度到 900℃时坯体内部出现了易熔融的铁橄榄石，陶粒的熔融程度能进一步提高。烧结温度过高则陶粒表层熔融过度，使表层孔道破坏导致陶粒品质下降。费欣宇等[14]添加玻璃粉烧结，发现温度升高增大了熔融玻璃的流动能力，熔融玻璃组分进入气孔致使气孔逐渐封闭且在陶粒内部形成骨架导致硬度提高而气孔率下降，认为最佳焙烧温度为 950℃。万军、刘恒波等[7]认为，在 1100℃烧结时，赤泥中的水合石榴石会失水后形成钙铝石榴石（$3CaO \cdot Al_2O_3 \cdot 3SiO_2$）、水合硅铝酸钙（$CaO \cdot Al_2O_3 \cdot 2SiO_2 \cdot xH_2O$）失水后形成的非晶质化合物（$CaO \cdot Al_2O_3 \cdot 2SiO_2$）、水合硅酸钠和羟方钠石形成钠长石（$Na_2O \cdot Al_2O_3 \cdot 6SiO_2$）、硬玉（$Na_2O \cdot Al_2O_3 \cdot 4SiO_2$）、霞石（$NaAlSiO_4$）结构的同质异构体、三水铝石反应得到 $CaO \cdot Al_2O_3$ 和 $MgO \cdot Al_2O_3$、一水硬铝石、方解石在高温下转换得到 $CaO \cdot Al_2O_3$、$3CaO \cdot Al_2O_3$、$5CaO \cdot 3Al_2O_3$ 等矿物。高温形成的矿物被烧结过程中形成的玻璃体粘结，形成具有较高强度的烧结制品。

由于物质组成和矿物组成的不同，陶粒的烧结温度范围也随之变化，一般的烧结温度为 1050～1300℃[18]。加热速度越快，物料膨胀得越好，但过快则陶粒的堆积密度增加，且受热不均匀，料球出现胀裂现象。烧结之前，坯体颗粒之间为点接触。在烧结初期，坯体中的 CaO、MgO、Na_2O、K_2O 等溶剂组分开始熔化，出现足够量的液相。在烧结过程中，颗粒间的液相润湿固体颗粒，并促使其发生重排。随着温度的升高，颗粒的在液相中因化学位梯度不同而使固相溶解，并在化学位梯度相对较低的部位结晶[2,3]。在烧结温度超过 950℃以后，钙长石（$CaO \cdot Al_2O_3 \cdot 2SiO_2$）和透辉石（$CaO \cdot MgO \cdot 2SiO_2$）的量不断增加，烧结过程中产生的尖晶石（$2Al_2O_3 \cdot 3SiO_2$）随温度继续升高转变成化学性能稳定的莫来石（$3Al_2O_3 \cdot 2SiO_2$）[4]。当温度超过1040℃以后，玻璃相逐渐形成。在毛细管力的作用下，熔融玻璃相填补缺陷孔，并粘结颗粒形成网状结构，从而赋予陶粒良好机械性能。

马龙、李国忠等认为[19]陶粒最佳焙烧温度为1000℃，当温度继续升高到1130℃时，Fe_2O_3、CaO、SiO_2等发生固相反应，形成玻璃相，陶粒表面出现釉质，强度大，适宜做轻骨料，不适合进行水处理。试样耐酸性能提升，盐酸可溶率明显降低；随着温度升高到1150℃和1170℃，试样吸水率和空隙率显著降低，而盐酸可溶率基本不变。焙烧温度对赤泥陶粒的吸附性能影响很大，去除率随焙烧温度的升高先升高后下降。这是因为湿度从900℃升高到1000℃时，赤泥陶粒内的气泡孔已基本形成并达到稳定，当温度逐渐升高到1150℃时，粗糖度降低，赤泥陶粒表面出现玻璃相，这是因为当烧结温度较低时，陶粒内部液相较少，随着温度的升高，陶粒内部液相增多。

陶粒烧结温度越高，生成的液相越多，液相黏度越小。当烧结温度为1000℃时，一方面成孔剂反应放出的气体在熔融液相中膨胀时，由于生成的液相较少，液相黏度较大，陶粒内部不能形成较大的孔结构；另一方面，在该温度下，晶界移动和传质速率慢，较大黏度的液相不能填补烧结过程中产生的缺陷孔，使制得的陶粒表观密度大，筒压强度高，吸水率高。

当烧结温度由1000℃增加到1150℃时，陶粒内部生成的液相增多，液相黏度下降，成孔剂反应放出的气体在熔融液相中膨胀，使陶粒内部形成的气孔增大，同时，晶界移动和传质速率加快，较低黏度的液相填补气孔间壁中的缺陷孔，使陶粒内部形成了较大的封闭气孔，因此，陶粒的表观密度降低，吸水率降低。当烧结温度超过1150℃以后，陶粒内部产生了足够多的液相，液相黏度显著下降，成孔剂反应放出的气体能够形成较大的气孔，但是由于液相黏度过低，孔结构不能维持，故出现塌孔的现象，陶粒内部气孔变小，陶粒体积收缩，表观密度增加，筒压强度增加。同时，液相进一步填补烧结过程中产生的缺陷孔，使气孔间壁更加致密，陶粒吸水率降低[19]。

在高温烧结阶段，坯体产生足够多的液相，液相将成孔剂反应放出的气体包裹起来，形成以封闭气孔为主的孔结构，而且孔间壁致密，保证陶粒具有较高的筒压强度。随着成孔剂掺量的增加，陶粒内部孔结构增多，使表观密度降低；另一方面，孔结构增多使得陶粒孔隙率增加，内部烧结体不密实，筒压强度下降；再者，在高温烧结时，有一部分未被液相包裹起来的气体逸出，使得陶粒表面存在许多微小孔隙，成孔剂掺量越多，表面微小孔隙数越多，陶粒吸水率越高。

陶粒的添加成分不变，只改变烧制温度，会在很大程度上改变陶粒的性质，从而影响陶粒的吸附性能。

6.3.4 保温制度

余锋波、金文杰、聂振皓等[20]认为保温时间是影响陶粒性能的另一重要因素，合理的保温时间能够使试样内部玻璃相形成更加充分，形成良好的孔隙结构和强度。随着保温时间的增加，赤泥陶粒内部的玻璃相比例增加，强度增大，但占据了赤泥陶粒烧制过程中形成的孔隙，从而影响赤泥陶粒的性能。保温时间较短的煅烧时间使反应不完全，不能有效地产生气体和发生膨胀。保温时间较长，会使玻璃相充填部分孔隙，陶粒密度增加，也使陶粒的膨胀效果降低。保温时间决定着赤泥中玻璃相的形成，充分的保温时间能够使原料中玻璃相形成的反应更为完全，从而使赤泥陶粒达到一定的强度，并且具有合适的气孔率。

6.3.5　烧结硬度

费欣宇、李海燕[14]以拜耳赤泥为主要原料，糖蜜酒精废液、玻璃、蔗渣为辅料，制备赤泥基陶粒，陶粒中赤泥原有八面沸石组分基本消失；陶粒中出现了非晶态的玻璃相组分；陶粒孔洞丰富，部分内、外孔洞连通。焙烧时间增加，显气孔率略有降低但硬度明显提高。陶粒强度与原料组分有很大关系，苏联轻集料科学研究所的研究表明原料组分对强度会产生很大影响，可以采用一个线性方程来表示[15]：

$$f(x)=1.1013-0.026W_{SiO_2}+0.1272W_{Fe_2O_{3+}+FeO}+0.0746W_{Al_2O_3}+0.0065\rho$$

其中，$f(x)$、ρ 分别为陶粒的筒压强度及陶粒堆积密度。由上式可以看出，SiO_2 含量增加会降低陶粒的强度，Al_2O_3、Fe_2O_3、FeO 含量增加可以提高陶粒的强度。赤泥中 Al_2O_3、Fe_2O_3、FeO 含量较高，为陶粒的强度提供了保障。由此可见，赤泥是影响陶粒性质的主要因素。刘恒波利用拜耳法赤泥、页岩和粉煤灰等原料制备了高强陶粒。赤泥掺入量为 50%时，陶粒堆积密度 840kg/m^3，筒压强度达到 7.5MPa，强度等级 45 级，1h 吸水率 7.6%，表观密度 1000kg/m^3，孔隙率 16.0%，放射性能够满足作为轻骨料的活度要求。赵建新等[21]以拜耳法赤泥为主要原料，通过添加废玻璃、粉煤灰等固体废弃物，再加入少量的添加剂制备出外表面玻璃化程度良好、内部孔隙比较均匀的烧胀陶粒。

6.3.6　陶粒烧胀

中外许多学者对赤泥陶粒烧胀特性与机理做了大量的研究工作。一般认为，黏土等物料产生膨胀须具备两个条件：①高温下能生成黏度足够大，不使气体逸出熔融相；②必须含有熔融温度下产生气体的组分。山东大学郗斐[22]研究了粉煤灰陶粒的高温烧胀机理，并根据机理推导出可用于指导陶粒工业生产的成分配比。吴建锋等[23]用拜耳法赤泥制备多孔陶粒，并研究了赤泥掺量、烧成温度等对陶粒物相变化和烧结性能的影响。烧胀特性和烧胀机理研究能够为陶粒的制备提供重要理论支撑。清华大学徐振华等[24]研究了烧结温度对污泥陶粒烧胀机理，发现温度对烧结陶粒内部形态有显著影响。符勇等[15]认为陶粒的膨胀是由于原

料中的 Fe_2O_3、硫化物和有机物在高温焙烧条件下能分解产生气体，而陶粒表层形成的有张力与黏度的表面将反应产生的膨胀气体包裹在高温熔体中导致其不能逸出，使陶粒出现膨胀。发泡剂与烧结温度对陶粒的烧胀特性有重要影响。谢武明、张文治等[13]研究了赤泥钙铝榴石在高温下脱除其结晶水，方解石则会分解产生 CO_2。掺不同量煤粉煤粉发泡剂赤泥陶粒，煤粉在高温条件下释放气体，掺入煤粉的陶粒烧胀过程中部分固定碳与铁化合物发生氧化还原作用产生的气体，进而在陶粒内部和表层形成气孔。$AlCl_3$ 在高温下能生成 Al_2O_3 粘结物料，增大陶粒硬度，同时产生氯化氢气体，使气孔增多。费欣宇、李海燕[14]得出 $AlCl_3$ 用量占赤泥 0.7％陶粒硬度和显气孔率最优。费欣宇、李海燕等[14]还以蔗渣量在陶粒化过程造孔，显气孔率达到 38.29％。王萍、李国昌等[8]使用赤泥、煤矸石、粉煤灰烧结陶粒，膨胀温度范围一般为 1160～1300℃，最佳膨胀温度范围为 1200～1280℃，样品的气孔率最小的 40％，最大的 80％。温度过低，样品基本不膨胀，温度过高，气体逸出，开口气孔增加，且样品熔融烧结。原料中 SiO_2 含量越高，其液相黏度越大；熔剂组分（K_2O、Na_2O、MgO、CaO、Fe_2O_3 等）含量越高，液相黏度越小；MgO、CaO、Fe_2O_3 会使液相生成的温度升高，并且焙烧温度稍微增加，液相量便会急剧增加，认为 SiO_2 含量 48％～70％，熔剂组分 10％～30％为宜。Riley[4]从众多黏土原料试验结果中发现，发生膨胀的黏土存在一定的组成范围，确定了 SiO_2、Al_2O_3 和熔剂组分（K_2O、Na_2O、MgO 等）的范围，如图 6-5 中虚线圈定的范围，这个范围又称核心膨胀区。

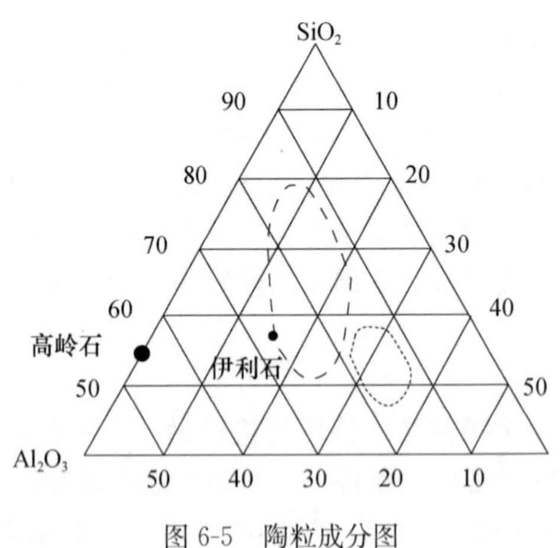

图 6-5　陶粒成分图

区内原料起泡的机理如下：

（1）Fe_2O_3 高温分解生成磁铁矿放出氧气，和黄铁矿高温分解产生 SO_2 气体。

$$6Fe_2O_3 \longrightarrow 4Fe_3O_4 + O_2 \uparrow$$

$$4FeS_2 + 11O_2 \longrightarrow 2Fe_2O_3 + 8SO_2 \uparrow$$

（2）有机物的存在使 Fe_2O_3 产生一系列的氧化-还原反应，生成 CO、CO_2 等。

$$2Fe_2O_3+C \longrightarrow 4FeO+CO_2\uparrow$$
$$2Fe_2O_3+3C \longrightarrow 4Fe+3CO_2\uparrow$$
$$Fe_2O_3+C \longrightarrow 2FeO+CO\uparrow$$
$$Fe_2O_3+3C \longrightarrow 2Fe+3CO\uparrow$$

（3）黏土矿物、碳酸盐矿物、硫酸盐矿物等分解产生的气体，也是物料起泡的原因之一。

6.3.7　纳米添加剂

国内学者王芳[25]纳米 Al_2O_3 作为赤泥陶粒的改性材料，可作为成陶组分，不会引起陶粒化学性质的改变，减小了赤泥陶粒内部的孔隙，满足制备陶粒的基本要求。纳米 Al_2O_3 的添加量选择 0.1%、0.5%、1%、2%。纳米 Al_2O_3 的添加可增大赤泥陶粒的强度，使其内部结构更加均匀，减小孔隙尺寸有利于对重金属离子的吸附（图 6-6）。

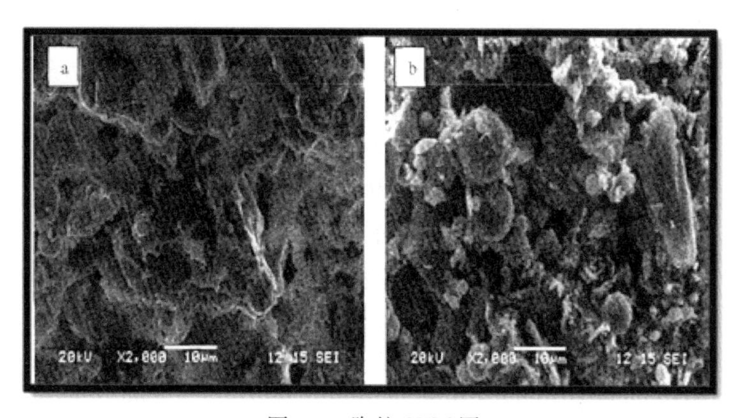

图 6-6　陶粒 SEM 图

用溶胶凝胶法在赤泥质陶瓷滤料表层涂覆具有光催化性的薄膜。经一定温度和时间的热处理后，制成的陶瓷滤料而对甲醛和丙酮的降解率分别为 32.45%和 3.8%，起到了一定的光催化效能。

6.3.8　陶粒物相组成

费欣宇、李海燕等[14]认为赤泥和陶粒的铁相主要为 α-Fe_2O_3；赤泥八面沸石（PDF28－1036）衍射峰基本消失，因于八面沸石在高温下分解。陶粒成分如图 6-7 所示。

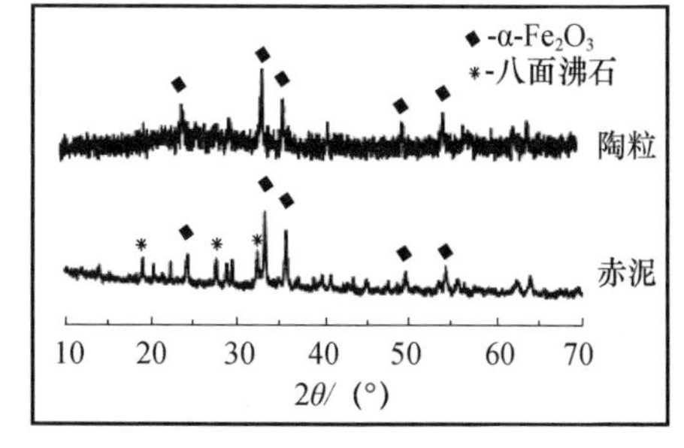

图 6-7　陶粒成分

6.3.9 赤泥陶粒改性

国内学者潘嘉芬、李梦红等[26]认为赤泥涂铁陶粒和涂铝陶粒对污水中氟离子的吸附效果较好。一是涂铁陶粒已经改善了其置于中性水中表面带负电的性能，变为表面带正电，更有利于吸附带负电的污染物；二是陶粒经过涂铁改性大大提高了吸附的比表面积，从而使氟离子的去除率得到较大的提高。涂铁改性的拜耳法赤泥质多孔陶粒对废水中氟离子吸附效果优于涂铝改性。在相同条件下，改性陶粒与原陶粒、砂粒、活性炭吸附氟离子效果对比，除氟效果由高到低依次是涂铁陶粒、原陶粒、涂铝陶粒、活性炭、砂粒。滤速越小，改性陶粒除氟率越高，在相同条件下动态再生效果优于静态再生效果。动态再生涂铁陶粒与原涂铁陶粒对废水中氟离子的吸附效果相当，涂铁陶粒可以再生循环利用。

6.4 赤泥陶粒应用

贵州省建筑材料科学研究设计院的彭建军、刘恒波、宋美等[27]利用赤泥制备高强烧结陶粒适宜配比为：拜耳法赤泥 50%，粉煤灰 20%，页岩 30%；烧结温度 1100℃，保温 45min，得到的赤泥陶粒堆积密度 840kg/m^3，筒压强度达到 7.5MPa，强度标号 45MPa，1h 吸水率 7.6%，表观密度 1000kg/m^3，孔隙率 16.0%，放射性能够满足作为轻集料的放射性比活度要求，符合《轻集料及其试验方法 第 1 部分》(GB/T 17431.1—2010) 高强陶粒的技术要求。进行了小试、中试试验，技术相对比较成熟，对于赤泥的综合利用来说是一个突破性的进展。

赤泥中含有大量金属氧化物，且颗粒细小、比表面积大使赤泥具备吸附材料的性能。赤泥对 Cd^{2+}、PO_4^{3-}、As_4^{3-}、Zn^{2+} 具有一定的吸附作用。李德贵等[28]以广西平果铝厂的拜耳法赤泥为主要原料，加入一定量的添加剂 $Na_2SiO_3\cdot 9H_2O$、CaO、碳粉等，将赤泥制成球状并进行焙烧处理。吸附容量达到 0.47mg/g，氟去除率达 98%。陈新年、李瑶以 80% 赤泥、掺 8% 污泥、在 1000℃烧结制得陶粒对砷离子的去除率可达到 90%以上。马淞江等[29]以经过盐酸活化的赤泥为载体制备了赤泥铈吸附剂，用以处理含氟废水，氟去除率达 98%以上。潘嘉芬等[30]研究了拜耳法赤泥质陶粒改性及吸附废水中氟离子的效果。结果表明，陶粒涂铁改性对废水中氟离子的去除效果有明显提高。刘理根等[31]以广西某赤泥强磁选尾矿掺量 55%，掺加适量粉煤灰、石英和造孔剂，烧结温度 1130℃，保温时间 30min，制备的陶粒样品最佳，试样表观密度 1.98g/cm^3，堆积密度 1.06g/cm^3，吸水率 22.41%、孔隙率 46.46%、盐酸可溶率 0.61%、比表面积 $0.51\times10^4 m^2/g$，破损率与磨损率之和 0.53%，孔隙均匀，三维连通，达到水处理用人工陶粒滤料标准要求。王春丽等[32]以赤泥为主要原料，进行活化处理后，以粉煤灰为激发剂，膨润土（皂土）为胶粘剂，碳酸氢钠为发泡剂制成活化赤泥颗粒。赤泥颗粒表面带有—OH官能团，可与磷酸根在溶液中发生配体交换反应而实现吸附。

任贵宁[33]以赤泥、粉煤灰等为主要原料分别制备了用于吸附溶液中磷的片状吸附剂用于吸附溶液中磷的去除率约为96%，吸附量为2.4mg/g。王芳[25]利用纳米Al_2O_3改性赤泥陶粒，对Sb（Ⅲ）溶液的去除率最高达到84.25%提高到95.76%。还利用赤泥陶粒对模拟酸性废水中的Cu^{2+}进行净化处理，去除率达到95.06%。认为赤泥陶粒对Cu^{2+}的吸附符合准二级动力学模型，相关系数为0.9983，饱和吸附量为7.4129mg/g；等温吸附模型中更符合Langmuir等温吸附模型，相关系数为0.9933。处理废水后的陶粒用硫酸-硝酸浸提，浸出液中重金属离子浓度均低于国家浸出毒性标准，表明陶粒是一种很好的酸性废水处理剂。王艳秋等[34]以赤泥为原料，采用生石灰熟化后煅烧造粒，制备了颗粒状赤泥吸附材料。结果表明，制得的吸附材料对Cu^{2+}、Pb^{2+}、Cd^{2+} 3种重金属离子吸附饱和容量大，达平衡时间短，具较好的吸附性能。王斌等[35]以广西拜耳法赤泥为原料，制备烧胀陶粒。研究陶粒对Pb^{2+}吸附作用及影响吸附的因素。结果表明，陶粒对Pb^{2+}的吸附率达97.8%。李德贵等[28]以赤泥为原料，通过造粒、焙烧的方法制备赤泥吸附剂，赤泥经过造粒、焙烧后对铜离子具有很好的去除效果，铜离子的浓度可以从64.00mg/L降低到0.22mg/L，吸附量达1.595mg/g，吸附率达98%以上。王小娟等[36]以赤泥为主要原料，采用烧结法制备赤泥颗粒吸附剂（GS）。结果表明，GS对Cd（Ⅱ）和Pb（Ⅱ）的最大去除率为100%。吸附主要依靠羟基铁的表面吸附机制和静电引力，其吸附过程符合伪二级动力学模型（$R>0.999$）。Gupta[37]认为赤泥表面带有正电荷，能够吸引带负电荷的酚类。

参考文献

[1] 刘阳生．粉煤灰免烧陶粒制备及其重金属废水净化性能机[J]．环境工程学报，2013，7(10)：4054-4060.

[2] 曾令可，罗民华，张守梅．绿色建材陶粒[J]．佛山陶瓷，2001(7)：8-10.

[3] 常新军，唐红建．盐泥高效清洁处理技术的研究及应用[J]．氯碱化工，2013(11)：39-41.

[4] C. M. Riley. Relation of chemical properties to the bloating or clays[J]. J. Amer. Ceram. Soc.，34(4)：121-128.

[5] 王凯，钟金如．废日用陶瓷等固体废物制备高强轻质陶粒的研究[J]．硅酸盐通报，2006(1)：20-22.

[6] 房永广．高碱赤泥资源化研究及其应用[D]．武汉：武汉理工大学，2010.

[7] 万军，刘恒波，宋美，等．利用赤泥制备高强陶粒的试验研究[J]．矿冶工程，2011(5)：111-113.

[8] 王萍，李国昌，刘曙光．赤泥等工业固体废物制备陶粒的研究[J]．中国矿业，2003

(12)：74-76.

[9] 杨慧芬，党春阁，马雯，等．硅铝调整剂对赤泥制备陶粒的影响[J]．材料科学与工艺，2011(6)：112-116.

[10] 元敬顺，阎杰．碳化硅添加剂对紫色页岩陶粒烧胀性的影响[J]．沈阳理工大学学报，2012(5)：80-83.

[11] 杨慧芬，党春阁，马雯，等．硝酸钠对改善赤泥陶粒性能的影响[J]．北京科技大学学报，2011(10)：1260-1264.

[12] 近藤．渗透性可随意变化的毛细孔隙型多孔材料的制作方法[J]．WO84/02901．1988-09-26.

[13] 谢武明，张文治，周峰平，等．煤粉发泡剂对赤泥陶粒烧胀特性的影响[J]．环境工程学报，2017(12)：6458-6464.

[14] 费欣宇，李海燕，罗和亿，等．赤泥基陶粒的制备及性能研究[J]．非金属矿，2017(5)：9-12.

[15] 符勇，马喆．基于赤泥、铝土尾矿和污泥三大工业废物的陶粒制备实验研究[J]．能源与环保，2017(4)：48-51.

[16] 谢襄漓，王林江，赵建新，等．烧胀赤泥陶粒的制备[J]．桂林工学院学报，2008(2)：196-199.

[17] 魏红姗，马小娥，管学茂，等．拜耳法赤泥基轻质保温陶瓷的制备[J]．硅酸盐通报，2019(3)：749-751.

[18] 尹国勋，邢明飞，余功耀．利用赤泥等工业固体废物制备陶粒[J]．河南理工大学学报(自然科学版)，2008，27(4)：491-496.

[19] 马龙，李国忠．赤泥轻质陶粒烧结温度的试验研究[J]．墙材革新与建筑节能，2013(1)：43-45.

[20] 余锋波，金文杰，聂振皓．污泥制备陶粒及其性能研究[J]．辽宁科技大学学报，2017，40(4)：274-280.

[21] 赵建新，王林江，谢襄漓．利用拜耳法赤泥制备烧胀陶粒的研究[J]．矿产综合利用，2009(4)：41-45.

[22] 郗斐，赵大传．轻质/超轻粉煤灰陶粒的研制及陶粒膨胀机理的探讨和应用[J]．功能材料，2010(12)：518-523.

[23] 吴建锋，徐晓虹，张明雷，等．2 种赤泥制备多孔陶瓷滤球的研究[J]．武汉理工大学学报，2009(4)：45-48.

[24] 徐振华，刘建国，宋敏英，等．污泥、底泥与粉煤灰烧结陶粒的工艺研究[J]．安全与环境学报，2012(08)：21-26.

[25] 王芳．纳米 Al_2O_3 改性赤泥陶粒的制备及其对 Sb(Ⅲ)与 Cd(Ⅱ)吸附行为研究[D]．长沙，湖南农业大学，2016.

[26] 潘嘉芬，李梦红．拜耳法赤泥陶粒改性及吸附废水中氟离子试验[J]．有色金属(冶炼部分)，2015(2)：63-65.

[27] 彭建军，刘恒波，宋美，等．赤泥高强陶粒的研制[J]，砖瓦，2011(10)：9-11.

[28] 李德贵，何兵，覃铭，等．赤泥活化处理及其除氟剂性能研究[J]．环境污染与防治，2017(10)：1117-1121.

[29] 马淞江，罗道成．赤泥负载铈吸附剂对废水中氟的吸附性能研究[J]. 水处理技术，2013(01)：50-54.

[30] 潘嘉芬，李梦红，刘爱菊．拜耳法赤泥质陶粒滤料处理含铜废水[J]. 金属矿山，2012(11)：138-140.

[31] 孙康康，张凌燕，刘理根，等．赤泥强磁尾矿制备水处理陶粒滤料的研究[J]. 硅酸盐通报，2016(07)：2270-2275.

[32] 王春丽，吴俊奇，宋永会，等．改性赤泥颗粒吸附剂的性质及机理研究[J]. 工业用水与废水，2016(02)：13-16.

[33] 任贵宁．赤泥吸附剂的制备及对溶液中磷和铬(Ⅵ)的吸附研究[D]. 长春：吉林大学，2016.

[34] 王艳秋，霍维周．颗粒赤泥吸附剂对重金属离子的吸附性能研究[J]. 工业用水与废水，2008(12)：82-85.

[35] 王斌，朱文凤，王林江，等．广西拜尔法赤泥烧胀陶粒制备及对水体中 Pb^{2+} 的吸附[J]. 武汉理工大学学报，2014(04)：30-34.

[36] 王小娟．赤泥颗粒吸附剂的制备及其对重金属的去除研究[D]. 济南：山东大学，2013.

[37] Gupta V K，Ali I，Saini V K. Removal of chlorophenols from wastewater using red mud：an aluminum industry waste. [J]. Environmental Science & Technology，2004(08)：4012-4018.

第 7 章　赤泥基地聚物材料

7.1　碱激发胶凝材料

7.1.1　碱激发材料分类

碱激发胶凝材料按照原材料分类可以划分为碱-铝硅酸盐玻璃体系、碱-偏高岭土体系[1]。

碱-铝硅酸盐玻璃体系以铝硅酸盐的玻璃体或无定形矿物为主体，通过碱激发硅酸盐玻璃体网络结构，解聚活性硅、铝元素生成 C—S—H、C—A—H 等凝胶体，在 Ca^{2+}、SO_4^{2-} 存在的条件下，可进一步生成高硫型水化硫铝酸钙（AFt)、单硫型水化硫铝酸钙（AFm）等产物。如矿渣、粉煤灰等玻璃体较多的工业废渣或者磷渣、赤泥、煤矸石等无定形矿物较多的工业废料。因原料来源不同，成分变化较大，故一般还可以分为钙含量较高的，如矿渣、磷渣等；钙含量较低的，如粉煤灰、煤矸石等[2]。废渣的不同组成和玻璃体结构直接影响碱激发活性，又可分为碱矿渣胶凝材料、碱粉煤灰胶凝材料、碱双渣胶凝材料。碱矿渣水泥具有早期强度高、水化热低、凝固时间短和强度高的特点。碱矿渣水泥由于水灰比小，混凝土具有结构致密、吸水性低、抗渗性好、抗冻性和抗化学侵蚀性能好等特点[3]。

碱-偏高岭土体系，指以黏土经适当温度煅烧后形成偏高岭石做原料，经碱激发而形成的胶凝材料[4]。由于成分中不含钙，其水化过程和产物也完全不同于硅酸盐水泥和碱-铝硅酸盐玻璃体系。最早由法国教授 Davidovits 在 20 世纪开发，我国学者译为土聚物水泥、地聚物水泥、土壤聚合水泥等。碱激发偏高岭土类胶凝材料具有强度高、硬化快、耐酸碱腐蚀性能好、耐高温、导热系数低等特点。材料耐火度＞1000℃，导热系数 0.24～0.38W/（m·K）与轻质耐火黏土砖相近［0.3～0.4W/（m·K)］[5]。

地聚物在矿物组成上完全不同于硅酸盐水泥[6]，其基本原理是铝硅酸盐类无定形矿物结构中的硅铝氧链在碱的作用下逐渐解离，其解体后的碎片与碱金属离子结合并相互作用，聚合成与原结构不同的、稳定的、密实的硅铝氧化合物网络状体系。这种结构不但可以隔绝空气，保护内部物质不被氧化，甚至在 1200℃高温下也不分解；而且在无机聚合物胶凝材料的氧化物网络结构体系中，碱金属离子参与地聚物结构的形成，因此可以有效地固定体系中的碱金属离子的游离，避免了普通水泥因碱金属离子迁移与集料反应而引起的碱-集料反应；因此地聚物具有优良的耐久性能（表 7-1），目前，已成为国内外非常活跃的研究领域之一。

表 7-1　地聚物的部分性能

性能	密度 (g/cm^3)	熔点 (℃)	膨胀系数 ($\times 10^{-6}$/℃)	抗压强度 (MPa)	抗弯强度 (MPa)	抗拉强度 (MPa)
范围	0.85～1.8	800～1400	4～25	20～650	40～220	30～190

7.1.2　地聚物反应机理

地聚物的硬化过程，J. Davidovits 等认为是在碱性催化剂作用下的硅氧键和铝氧键的断裂-重组反应过程[7]。我们以用偏高岭土为原料，NaOH 和 KOH 为激活剂制备（Na，K）-PSS 为例说明其反应机理：首先，偏高岭土与无定形二氧化硅（摩尔比为 1∶2）在 NaOH 和 KOH 的作用下，发生 Si—O 和 Al—O 共价键的断裂。在水溶液中生成硅酸和氢氧化铝的混合溶胶，溶胶颗粒之间部分脱水缩合生成正铝硅酸。Na^+ 和 K^+ 被吸附在分子键周围，平衡铝（+3 价，四配位）所带的负电荷，如下式所示：

$$\underset{\text{(偏高岭土)}}{(SiO_2,\ Al_2O_3)_n} + wSiO_2 + H_2O \xrightarrow{KOH+NaOH}$$

$$\underset{\text{(正铝硅酸)}}{(Na,\ K)\ 2n\ (OH)_3-Si-O-\overset{(-)}{\underset{(OH_2)}{Al}}-O-Si-(OH)_3}$$

正铝硅酸分子上的羟基在碱性溶液中极不稳定，相互吸引形成氢键，进一步脱水缩合形成聚铝硅氧大分子链，如下式所示：

$$(Na,\ K)\ 2n\ (OH)_3n\ (OH)_3-Si-O-\overset{(-)}{\underset{(OH_2)}{Al}}-O-Si-(OH)_3 \xrightarrow{KOH+NaOH}$$

$$(Na,\ K)\left\{-\overset{|}{\underset{\underset{O}{|}}{Si}}-O-\overset{|}{\underset{\underset{O}{|}}{Al}}-\overset{|}{\underset{\underset{O}{|}}{Si}}-O\right\}_n + nH_2O$$

对于不同原料成分、不同用途的地聚物材料，其具体反应机理不完全相同，但骨干反应为上述反应过程。

7.1.3　地聚物反应过程

偏高岭土矿物受碱激发过程分为三个阶段：

1. 解聚阶段

高岭石与碱溶液作用按下列反应进行：

$Al_2SiO_5(OH)_4+3H_2O+4NaOH \longrightarrow 2[Al(OH)_4]^-+2[SiO(OH)_3]^-+4Na^+$

Al、Si在溶液中的量随溶液的碱度增大而增多，这一步骤称为偏高岭土解聚。当体系中Na^+含量高时反应产物中含有铝硅酸钠、水化钠长石$Na_xAl_ySi_zO_n \cdot H_2O$。

2. 形成无定形的水化产物阶段

溶解的Al^{3+}、Si^{4+}离子与Na^+离子反应生成水化产物$[M_x(AlO_2)_y(SiO_2)_z \cdot nNaOH \cdot mH_2O]$，它具有三维无定形（半晶态）聚合物结构，其中$Na^+$进入结构参加电荷平衡。其聚合过程如下：

Al—Si—O（铝硅酸盐）(s) ＋MOH（L）＋Na_2SiO_3（S/L）⟶Al—Si—O（铝硅酸盐）(s) ＋ $[M_z(AlO)_{2x} \cdot (SiO_2)_y \cdot nMOH \cdot mH_2O]$（gel）⟶Al—Si—O（铝硅酸盐）(s) $[M_a(AlO_2)a \cdot (SiO_2)_y \cdot nMOH \cdot mH_2O)]$（无定形地聚物）

3. 脱水聚合实现浆体的硬化阶段

已形成的$Al(OH)^{4-}$和$[SiO(OH)]^-$离子单体在一定的条件下会相互聚合反应，生成聚合产物为类沸石结构，这种沸石结构需要在较高的温度下才能被破坏，在被破坏之前仍能保持较高的强度，表现出较好的耐高温性。

7.1.4 地聚物材料特性

硅酸盐水泥在固化过程中形成网格结构，地聚物材料在聚合成网格结构过程中固化。地聚物材料与水泥材料的胶凝结构存在本质的不同。碱-铝硅酸盐玻璃体系水泥，硬化后体系聚合度比普通硅酸盐水泥要高，但比地聚物体系低。碱激活水泥体系中的Ca^{2+}离子与溶胶结合生成低聚合度的铝硅酸盐固化产物，类似硅酸盐固化物相，因此碱激活水泥体系的聚合度比地聚物体系低。地聚物材料具有稳定的聚合三维网格结构，在高温下也能保持网格结构完整，因而地聚物材料具有比水泥更高的强度、硬度、韧性、高温稳定性和抗冻性[8]。

7.2 赤泥地聚物与赤泥活化

7.2.1 赤泥地聚物

赤泥富含多种碱金属及微量元素，其中Na、Fe、Al和Si的氧化物总和超过80%，是一种具有无定形层状、类黏土结构的铝硅酸盐矿物，物理性质与黏土相似[9]。从其具有的无定形矿物结构及化学元素组成上来看，赤泥是制备赤泥无机聚合物胶凝材料的良好原料。研究资料显示赤泥经过在850℃温度下煅烧后，可形成一种具有很好的火山灰活性、亚稳定结构的铝硅酸盐网格结构；再以焙烧赤泥为主要原料，通过摩尔比$SiO_2/Na_2O=1.39\sim1.56$的水玻璃的激发下，即碱金属氧化物添加量为4%左右的条件下，制备出的胶凝材料28d抗压强度超过50MPa，其中胶凝相的反应产物主要为具有类沸石、莫来石物相和铝硅酸盐网格结构的无定形矿物组成。

赤泥中含有质量比超过10%的碱金属氧化物Na_2O，仅有15%左右具有早期游离性能，其余碱金属存在于钠硅渣中，在地聚物中不具有早期激活性能；将赤泥中钠硅渣的碱金属激活到地聚物体系中，可构成激活碱金属-焙烧赤泥水泥体系，利用煅烧后赤泥具有的亚稳定结构和类偏高岭土矿物，又利用活化赤泥中所含碱金属具有的激发亚稳定结构铝硅氧化物的性能，制备出具有优良胶凝性能的赤泥地聚物材料。赤泥不但堆积量巨大，且长期堆存污染环境，而地聚物性能优良，可广泛应用于海工、道路、军工、环保等领域；因此，开展并实施赤泥地聚物项目，一方面对赤泥进行一体化焙烧可充分利用赤泥的强碱性，保护环境，节约能源，降低地聚物成本；另一方面可大量利用、消纳堆积量巨大的赤泥，既有助于拓展原材料的来源，又节约自然建材资源。

7.2.2 赤泥活化方法

赤泥活化的方法大致有三种：(1) 热力活化；(2) 物理活化；(3) 化学活化[10]。

拜耳法赤泥是一种铝硅酸盐矿物，在煅烧条件下，其稳定的硅氧四面体和铝氧八面体结构的连接和配位会发生较大的改变，四面体与八面体共顶连接发生分离，成为无定形的铝氧八面体结构，这种结构中存在断键及活化点，形成亚稳态的铝硅酸盐结构。这种亚稳态结构中的原子排列不规则，呈现热力学介稳状态，具有较高的火山灰活性，能与水泥水化产物$Ca(OH)_2$反应生成水化铝酸钙、水化硅酸钙等胶凝物质，因而具有较高的水化活性。亚稳态结构铝硅酸盐的活性取决于煅烧温度和矿物中Al_2O_3、SiO_2含量。铝硅酸盐煅烧反应为

$$2n\ [SiO_2,\ Al_2(OH)_3] \longrightarrow 2\ [Si_2O_5,\ Al_2O_2]_n + 4nH_2O$$

物理活化就是利用外力的作用，破坏颗粒表面的惰性玻璃态薄膜，使其形成表面缺陷，从而加快可溶性Al_2O_3、SiO_2的溶出，并有利于外部离子的侵入，以加快化学反应速度。机械粉磨是物理活化最常用的手段。通过机械粉磨能够使颗粒迅速细化，提高了颗粒的比表面积，增大了水化反应的界面。颗粒越细，其活性越高。在机械力化学高能球磨的过程中，强烈的机械冲击、剪切、磨削作用和颗粒之间的相互挤压、碰撞作用，可以促使玻璃体发生部分破解，使得玻璃体中的分相结构在一定程度上得到均化，在颗粒表面和内部产生微裂纹，从而使极性分子或者离子更容易进入玻璃体结构的内部空穴，促进玻璃体的分解和溶解。从颗粒特性来讲，机械粉磨可以导致粗大、多孔的玻璃体被粉碎，粘连的玻璃颗粒被分开，从而改善集料级配，改善表面特性，减少配料过程的摩擦，从而提高其物理活性。从微观角度来讲，粉磨能促使颗粒原生晶格发生畸形、破坏，切断玻璃体网格中Si—O、Al—O键，生成活性高的原子基团和带电荷的断面，提高结

构的不规则度和缺陷程度，使其反应活性增加；从能量的角度考虑，机械粉磨能增加颗粒的化学能，增加化学不稳定性，达到提高活性的目的。机械活化使颗粒表面缺陷化，在碱激发使玻璃体结构网格加速解聚，液相中阴离子的浓度增大，聚合成水化产物的速度加快，因此胶凝材料硬化体的强度显著提高。物理活化改善了颗粒形貌，极大地提高了颗粒的“形态效应”使颗粒表面粗糙和缺陷增多，为进一步的化学活化提供了有利条件。化学活化主要是通过添加各种碱性激发剂，使聚合度高的硅酸盐网格解聚，进一步生成 C—S—H、C—A—H、AFt、AFm 等物质。目前，化学活化的途经主要有碱（使用石灰、氢氧化钠、水玻璃等）激发、硫酸盐（硫酸钙、硫酸钠等）激发等几种。

7.2.3 赤泥煅烧活化

由于赤泥组成主要以稳定的 β-C_2S、C_3A、方解石、文石、赤铁矿、水铝矿等为主，本身烧失量较高，故其含有的可溶性 SiO_2 和 Al_2O_3 很少，活性难以发挥；国内外研究者通常以热力活化的方式使赤泥脱出游离水或化合水，将其原来的铝硅酸盐结构变成不稳定的亚稳态结构，达到活化的目的。活化温度过低，赤泥不能脱水或脱水太少，达不到活化目的。温度过高，无定形的亚稳结构将发生重结晶或烧结，致使赤泥活性降低甚至丧失。在 750～800℃区间，赤泥中的游离水、结晶水、平衡水和结构水均能全部脱出，赤泥中的铝硅酸盐结构开始发生变异，活性质点产生，但因温度推动力较低，断键数目少，活性发挥差异不明显。而温度过低时，赤泥不能脱水或脱水太少。当活化温度为 850℃时，赤泥活性发生显著变化，在这个温度下，铝硅酸盐的矿物结构变异导致大量 Si—O 键和 Al—O键断裂，活性质点大量产生，活性容易被激发而显示出较好的胶凝性能。当温度大于 900℃时，胶凝材料的力学性能呈下降趋势，主要原因是赤泥中含有大量的碱金属氧化物，起到强烈的熔剂化作用，使新生的无定形硅铝发生烧结；同时在这一温度条件下，无定形矿物发生重结晶，生成稳定的莫来石、方石英、氧化铝的趋势加强，导致赤泥活性降低。

拜耳法赤泥经过煅烧后，生成介稳态、非晶质的物相，拜耳法赤泥中原硅氧四面体和铝氧八面体结构遭到破坏，只存在着硅氧四面体骨架，结晶度显著下降，产生无定形结构的铝硅酸盐。在这个温度铝硅酸盐结构已遭到严重破坏，形成了结晶度很差的过渡相，处于亚稳定状态。根据文献报道，这种亚稳态结构中的原子排列不规则，呈现热力学介稳状态，所以活化过后的拜耳法赤泥具有较高的火山灰活性。在合适的温度下对赤泥进行煅烧后，可得到具有潜在水化活性的、亚稳态结构的铝硅酸盐；但亚稳态结构的铝硅酸盐本身不会发生相互链接成大分子网格结构，需要在 Na_2O 的激发解离作用下，活性才能发挥；具体是 Na_2O 在水溶液中，通过水解和电离产生的大量 OH^-，使得热力活化赤泥矿物中的 Si—O、Al—O、Si—O—Al 等共价键产生断裂，从而使铝硅酸盐网格结构产生强烈的破坏作用，使其解体产生 SiO_4^{4-} 和 AlO_4^{5-} 离子，这些离子不稳定，能够发生相互聚合，变成新的大分子无机聚合物。

7.2.4 炭热焙烧活化

有学者用25℃、3mol/L的NaOH溶液对赤泥进行24h解聚溶出实验，赤泥中铝和硅的最大溶出率分别为4%和17%，而偏高岭土中铝和硅的溶出率可以达到40%和50%[11]。赤泥中钠硅渣难以有效分解，其大量结合的碱和铝、硅等元素未参与聚合反应，用赤泥制备的聚合物材料的强度和耐候性较差。赤泥经煅烧活化后引起铝硅酸盐的晶格变化或引起配位转化，其铝硅酸盐矿物结构随着液相中 OH^- 离子浓度的提高，使煅烧后玻璃体结构网格加速解聚，聚合成水化产物的速度加快，活化产物解聚溶出、聚合等反应过程，均在常温常压下进行，因此胶凝材料硬化体的强度显著提高。

将赤泥直接用于制备聚合物时，仅能利用其中的附着碱，对亚稳态结构的铝硅酸盐激发促进铝硅酸盐网格结构的解离的效果。赤泥中 Na_2O 所占比率超过10%，但是赤泥中的 Na_2O 大部分是钠硅渣中的结合碱 Na^+，在溶液中活性不高，需要煅烧解离激活，才能大量加以利用。澳大利亚联邦科学与工业研究组织（CSIRO）在赤泥中加入CaO在1000℃以上进行高温熔融，把赤泥中的钠硅渣转变为钙硅渣（$3CaO \cdot Al_2O_3 \cdot nSiO_2$）和可溶性的 $Na_2O \cdot Al_2O_3$ 体系，可以活化钠硅渣中的碱金属。也有提出相反观点的，认为采用CaO烧结法的特点是铁酸钠和铁酸钙的含量高，倾向于形成易熔共晶体，难以进行高效率的脱碱活化；另有研究认为石灰赤泥煅烧法是可行的，而且适量炭粉的加入有利于赤泥中碱金属的脱出，只不过炭粉所起到的作用及机理尚不明确；针对赤泥石灰烧结脱碱活化进行研究，发现在750℃，焙烧时间35min时，不同掺量CaO煅烧后赤泥都可以明显地脱碱活化；而且脱碱效率不仅受温度的影响，受气氛的影响也比较明显。具体配比见表7-2。

表7-2　赤泥焙烧配比

编号	配比说明
B100	焙烧赤泥（750℃、30min、赤泥+10%CaO）
B200	焙烧赤泥（750℃、30min、赤泥+10%CaO+12%C）
B300	焙烧赤泥（750℃、30min、赤泥+15%CaO）
B400	焙烧赤泥（750℃、30min、赤泥+15%CaO+12%C）

将焙烧后的产物，在室温空气环境下放置48h后观察其表面返碱情况，如图7-1～图7-4所示。

图 7-1　B100 焙烧样返碱图

图 7-2　B200 焙烧样返碱图

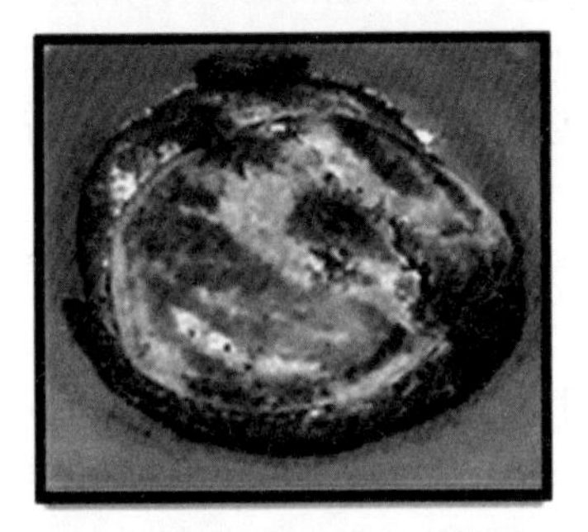

图 7-3　B300 焙烧样返碱图

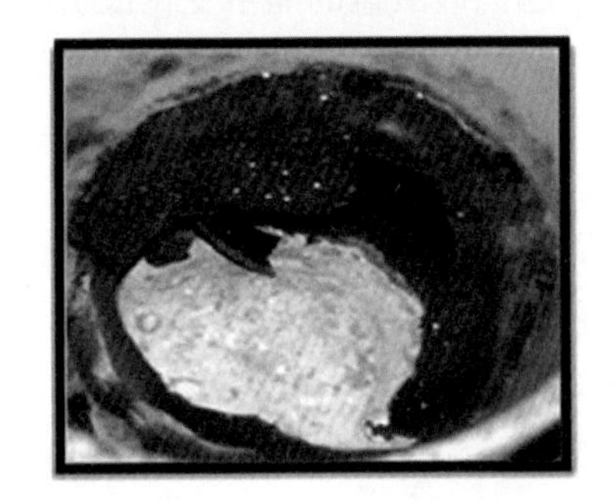

图 7-4　B400 焙烧样返碱图

通过观察焙烧赤泥在未加入炭还原剂的情况下的焙烧产物，在静置 48h 后，表面出现中度返碱情况，随着 CaO 的配入量从 10%增加到 15%时，表面的返碱面积增加 15%左右；说明在焙烧过程中，在 CaO 的作用下赤泥中的部分钠硅渣与 CaO 发生反应，置换出部分游离的碱，在常温下自由游离出来。在同等条件下，观察加入 12%的炭还原剂的焙烧产物，两组焙烧产物在静置 48h 后，表面都出现了严重返碱的情况；说明在脱碱过程中 C 为脱碱反应提供了还原气氛对脱碱过程起到促进作用，游离出更多的 Na^+ 离子。对比干燥赤泥发现，在同等实验条件下，干燥赤泥没有返碱现象发生。对试样进行多元素分析测试，得到赤泥焙烧前后各元素含量组成，见表 7-3。

表 7-3　多元素组成分析

成分	SiO_2	Al_2O_3	Fe_2O_3	CaO	K_2O	Na_2O	P_2O_5
赤泥原料（w_t%）	21.6	21.81	25.84	1.8	0.225	10.22	0.12
焙烧赤泥（w_t%）	19.28	12.69	16.17	38.82	0.031	1.33	0.12

注：所测焙烧赤泥样品为溶出碱后赤泥。

在低温焙烧活化脱碱一体化过程中，炭粉焙烧产生的还原气氛对 CaO 与 $Na_2O \cdot Al_2O_3 \cdot Fe_2O_3 \cdot SiO_2$ 体系的反应具有促进作用，焙烧提供的还原气氛提高钠硅渣的活性，加速活化 Na_2O。在低温焙烧活化脱碱一体化过程中产生的还原气氛对 CaO 与 Fe_2O_3、SiO_2、Al_2O_3 相互反应具有抑制作用，炭热焙烧条件下对赤泥煅烧活性的影响体现在对无定形矿物发生重结晶的抑制上。

7.3　赤泥聚合技术

7.3.1　赤泥聚合工艺

按照70%赤泥+30%矿渣，外掺5%（以碱性氧化物质量计）激发剂，以1∶0.5水胶比（包含激发剂中的水）的配比进行试验，参照《水泥胶砂强度检验方法（ISO法）》（GB/T 17671—1999）进行赤泥-矿渣胶凝材料胶砂试样的成型、脱模。Na_2O 在水溶液中，通过水解和电离产生的大量 OH^-，使得热力活化赤泥矿物中的 Si—O—Si，Al—O—Al 等共价键产生断裂，从而对铝硅酸盐网格结构产生强烈的破坏作用，使其解体产生 SiO_4^{4-} 和 AlO_4^{5-} 离子，这种离子不稳定，能够发生相互聚合，变成新的大分子无机聚合物，其反应通式如下。

$$2\,(SiO_2,\ Al_2O_3)\xrightarrow{2nSiO_2+4nH_2O+NaOH/KOH}Na^+/K^+$$

$$+n\,(OH)_3-Si-O-\underset{\underset{OH_2}{|}}{\overset{|}{Al}}-O-Si-(OH)_3$$

$$n\,(OH)_3-Si-O-\underset{(OH_2)}{\overset{(-)}{Al}}-O-Si-(OH)_3\xrightarrow{KOH+NaOH}$$

$$(Na,\ K)\left\{\begin{matrix} | & & | & | & \\ -Si & -O- & Al- & Si & -O \\ | & & | & | & \\ O & & O & O & \end{matrix}\right\}+4nH_2O$$

在 Na_2O 一定的前提下，在激发材料中添加活性 SiO_2，能够明显改善胶凝材料的性能。在这一体系中，Na_2O 水化生成 OH^- 使溶液具有强碱性，能够使活化赤泥的矿物解离，具备了矿物聚合的前提条件，活性 Na_2O 的引入又使得解离矿物具有形成长链高分子的活性质点。当 SiO_2 浓度增达到一定数值，还会出现瞬凝现象，致使成型无法进行，这可能是溶液中硅酸根浓度过高、自聚过快造成的。SiO_2/Na_2O 的摩尔数之比称为模数，模数一方面表示了其中硅酸根阴离子和 OH^- 的含量，另一方面也预示着激发剂的结构。模数越大，溶液中硅酸根浓度越大，凝胶相就越多，$Na_2O\cdot nSiO_2$ 结构越稳定模数越小，溶液中氢氧根浓度越大，碱性越强。只有当 SiO_2/Na_2O 为1.39～1.56时，才能发挥最好的骨架作用和激发效果。

地聚物胶凝性能受到 Na_2O 水溶液的浓度及 Si—O—Si、Al—O—Al、Si—O—Al 等共价键的活性影响；提高赤泥地聚物的胶凝性能，可通过适当提高液相中 OH^- 的浓度，或通过提高液相中 SiO^{4-} 离子的浓度，从而提高玻璃体结构网格解聚速度，增大液相中阴离子的浓度，使得聚合成水化产物的速度加快，从而提高得到的胶凝材料硬化体的强度。

7.3.2 赤泥聚合影响因素

7.3.2.1 赤泥

(1) 配比

赤泥：硅酸钠=2：1，硅酸钠浓度为40%，模数=1，水胶比=0.5，所用赤泥为300g，则硅酸钠为150g，水玻璃为375g，水玻璃中水为112.50g。根据公式$G=[(M_1-M_2)\times N\times G_1\times 1.29]/M_1\times P$计算出NaOH=119.10g，需要加入自来水为0g。

赤泥：硅酸钠=4：1，硅酸钠浓度为40%，模数=1，水胶比=0.5，所用赤泥为300g，则硅酸钠为75g，水玻璃为187.50g，水玻璃中水为112.50g。根据公式$G=[(M_1-M_2)\times N\times G_1\times 1.29]/M_1\times P$计算出NaOH=59.56g，需要加入自来水为75g。

赤泥：硅酸钠=6：1，硅酸钠浓度为40%，模数=1，水胶比=0.25，所用赤泥为300g，则硅酸钠为50g，水玻璃为125g，水玻璃中水为75g。根据公式$G=[(M_1-M_2)\times N\times G_1\times 1.29]/M_1\times P$计算出NaOH=39.70g，需要加入自来水为12.5g。

赤泥：硅酸钠=8：1，硅酸钠浓度为40%，模数=1，水胶比=0.25，所用赤泥为300g，则硅酸钠为37.5g，水玻璃为93.76g，水玻璃中水为56.26g。根据公式$G=[(M_1-M_2)\times N\times G_1\times 1.29]/M_1\times P$计算出NaOH=29.78g，需要加入自来水为28.12g。

赤泥：硅酸钠=10：1，硅酸钠浓度为40%，模数=1，水胶比=0.25，所用赤泥为300g，则硅酸钠为30g，水玻璃为75g，水玻璃中水为45g。根据公式$G=[(M_1-M_2)\times N\times G_1\times 1.29]/M_1\times P$计算出NaOH=23.82g，需要加入自来水为37.5g。

赤泥与硅酸钠的掺量对地聚物胶凝材料性能的影响见表7-4。

表7-4 赤泥与硅酸钠的掺量对地聚物胶凝材料性能的影响

掺量（赤泥：硅酸钠）	水胶比	模数	抗压强度（MPa）
			7d
2：1	0.5	1	0.54
4：1	0.5	1	0.80
6：1	0.25	1	2.56
8：1	0.25	1	2.24
10：1	0.25	1	2.01

（2）模数不同

模数=1，赤泥∶硅酸钠=6∶1，硅酸钠浓度为 40%，水胶比=0.25，所用赤泥为 300g，则硅酸钠为 50g，水玻璃为 125g，水玻璃中水为 75g。根据公式 $G=[(M_1-M_2)\times N\times G_1\times 1.29]/M_1\times P$ 计算出 NaOH=39.70g，需要加入自来水为 12.5g。

模数=1.2，赤泥∶硅酸钠=6∶1，硅酸钠浓度为 40%，水胶比=0.25，所用赤泥为 300g，则硅酸钠为 50g，水玻璃为 125g，水玻璃中水为 75g。根据公式 $G=[(M_1-M_2)\times N\times G_1\times 1.29]/M_1\times P$ 计算出 NaOH=34.41g，需要加入自来水为 12.5g。

模数=1.4，赤泥∶硅酸钠=6∶1，硅酸钠浓度为 40%，水胶比=0.25，所用赤泥为 300g，则硅酸钠为 50g，水玻璃为 125g，水玻璃中水为 75g。根据公式 $G=[(M_1-M_2)\times N\times G_1\times 1.29]/M_1\times P$ 计算出 NaOH=29.12g，需要加入自来水为 12.5g。

模数=1.6，赤泥∶硅酸钠=6∶1，硅酸钠浓度为 40%，水胶比=0.25，所用赤泥为 300g，则硅酸钠为 50g，水玻璃为 125g，水玻璃中水为 75g。根据公式 $G=[(M_1-M_2)\times N\times G_1\times 1.29]/M_1\times P$ 计算出 NaOH=23.82g，需要加入自来水为 12.5g。

模数=1.8，赤泥∶硅酸钠=6∶1，硅酸钠浓度为 40%，水胶比=0.25，所用赤泥为 300g，则硅酸钠为 50g，水玻璃为 125g，水玻璃中水为 75g。根据公式 $G=[(M_1-M_2)\times N\times G_1\times 1.29]/M_1\times P$ 计算出 NaOH=18.53g，需要加入自来水为 12.5g。

模数对地聚物胶凝材料性能的影响见表 7-5。

表 7-5　模数对地聚物胶凝材料性能的影响

模数	水胶比	掺量（赤泥∶硅酸钠）	抗压强度（MPa）
			7d
1.0	0.25	6∶1	2.20
1.2	0.25	6∶1	2.33
1.4	0.25	6∶1	2.26
1.6	0.25	6∶1	1.25
1.8	0.25	6∶1	1.00

（3）水胶比不同

水胶比=0.25，赤泥∶硅酸钠=6∶1，硅酸钠浓度为 40%，模数=1，所用赤泥为 300g，则硅酸钠为 50g，水玻璃为 125g，水玻璃中水为 75g。根据公式

$G=[(M_1-M_2)\times N\times G_1\times 1.29]/M_1\times P$ 计算出 NaOH=39.70g，需要加入自来水为 12.5g。

水胶比=0.3，赤泥：硅酸钠=6：1，硅酸钠浓度为 40%，模数=1，所用赤泥为 300g，则硅酸钠为 50g，水玻璃为 125g，水玻璃中水为 75g。根据公式 $G=[(M_1-M_2)\times N\times G_1\times 1.29]/M_1\times P$ 计算出 NaOH=39.70g，需要加入自来水为 30g。

水胶比=0.35，赤泥：硅酸钠=6：1，硅酸钠浓度为 40%，模数=1，所用赤泥为 300g，则硅酸钠为 50g，水玻璃为 125g，水玻璃中水为 75g。根据公式 $G=[(M_1-M_2)\times N\times G_1\times 1.29]/M_1\times P$ 计算出 NaOH=39.70g，需要加入自来水为 47.5g。

水胶比=0.40，赤泥：硅酸钠=6：1，硅酸钠浓度为 40%，模数=1，所用赤泥为 300g，则硅酸钠为 50g，水玻璃为 125g，水玻璃中水为 75g。根据公式 $G=[(M_1-M_2)\times N\times G_1\times 1.29]/M_1\times P$ 计算出 NaOH=39.70g，需要加入自来水为 65g。

水胶比=0.45，赤泥：硅酸钠=6：1，硅酸钠浓度为 40%，模数=1，所用赤泥为 300g，则硅酸钠为 50g，水玻璃为 125g，水玻璃中水为 75g。根据公式 $G=[(M_1-M_2)\times N\times G_1\times 1.29]/M_1\times P$ 计算出 NaOH=39.70g，需要加入自来水为 82.5g。

水胶比对地聚物胶凝材料性能的影响见表 7-6。

表 7-6　水胶比对地聚物胶凝材料性能的影响

水胶比	模数	掺量（赤泥：硅酸钠）	抗压强度（MPa）
			7d
0.25	1	6：1	2.56
0.30	1	6：1	3.09
0.35	1	6：1	3.02
0.40	1	6：1	2.88
0.45	1	6：1	2.61

由上述实验的现象，我们找到了最佳的模数、水胶比和赤泥与硅酸钠的掺量比值，根据最佳配比，再将原料改为活化赤泥，做几组不同活化温度及不同环境对地聚物材料性能影响的实验，以供对比。

7.3.2.2　活化赤泥

水胶比=0.3，赤泥：硅酸钠=6：1（赤泥活化温度分别为 650℃、750℃、850℃、950℃、1050℃），硅酸钠浓度为 40%，模数=1，所用赤泥为 300g，则硅酸钠为 50g，水玻璃为 125g，水玻璃中水为 75g。根据公式 $G=[(M_1-M_2)\times$

$N \times G_1 \times 1.29$]$/M_1 \times P$ 计算出 NaOH=34.41g，需要加入自来水为30g。

煅烧赤泥对地聚物胶凝材料性能的影响见表7-7。

表7-7　煅烧赤泥对地聚物胶凝材料性能的影响

煅烧赤泥温度（℃）	模数	水胶比	掺量（赤泥：硅酸钠）	抗压强度（MPa）
				7d
650	1.2	0.3	6：1	2.56
750	1.2	0.3	6：1	3.31
850	1.2	0.3	6：1	3.76
950	1.2	0.3	6：1	3.14
1050	1.2	0.3	6：1	2.89

将浆体浇入40mm×30mm×160mm的钢制模具，边注浆边振动，直至气泡排除干净并保证试样的上表面平整光滑，最后用保鲜膜将其密封。将模具用聚乙烯薄膜密封，防止水分挥发，在常温下进行养护，养护一定时间后将试样脱模。

7.3.2.3　结果讨论分析

图7-5从赤泥与硅酸钠的掺量对地聚物胶凝材料强度影响实验结果分析，赤泥用量一定，随着硅酸钠含量的增加，地聚物胶凝材料的抗压强度增加，当掺量配比达到6：1时，抗压强度达到最大2.56MPa，之后随着掺量的增加，强度逐渐减小。结果表明实验最佳掺量配比为6：1。

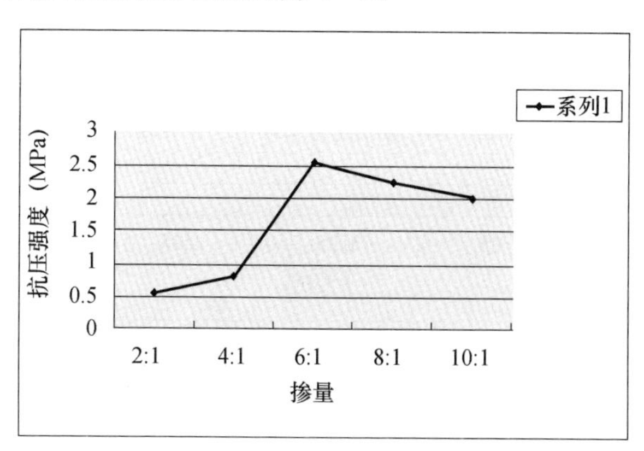

图7-5　赤泥与硅酸钠的掺量对地聚物胶凝材料性能的影响

由图7-6可以看出，地聚物胶凝材料的抗压强度随水玻璃模数的增加而升高，在模数为1.2时达到峰值，随着模数的增加反而降低。模数小于1.2，单体[SiO_4]量随着模数的增加而增大，有利于胶凝材料的聚合，网格结构逐渐趋于完整，使水泥混凝土的强度升高；当水玻璃模数大于1.2时，提供了较多的单体[SiO_4]，不利偏高岭的解聚与聚合，使抗压强度表现出逐渐变小的趋势，说明过量的单体[SiO_4]对地聚物胶凝材料的抗压强度增长有一定的抑制作用。由此可得最佳水玻璃的模数是1.2。

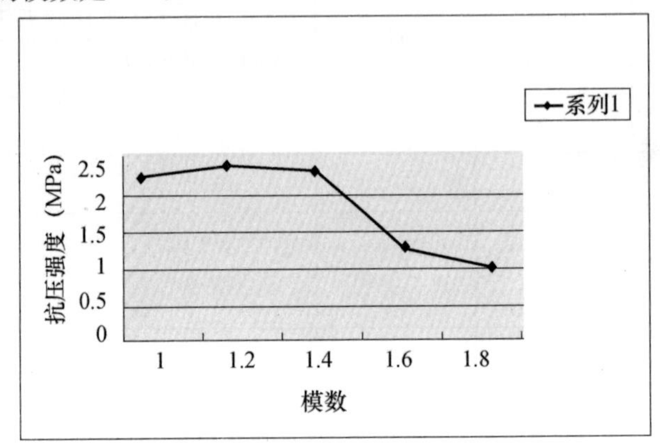

图7-6　模数对地聚物胶凝材料性能的影响

由图7-7可以看出，地聚物胶凝材料的抗压强度随水胶比的增加而升高，当水胶比为0.30时，胶凝材料的抗压强度为3.09，达到最大值，之后逐渐变小，当水胶比为0.45时，地聚物胶凝材料的抗压强度降到2.61。由此可得最佳水胶比为0.3。

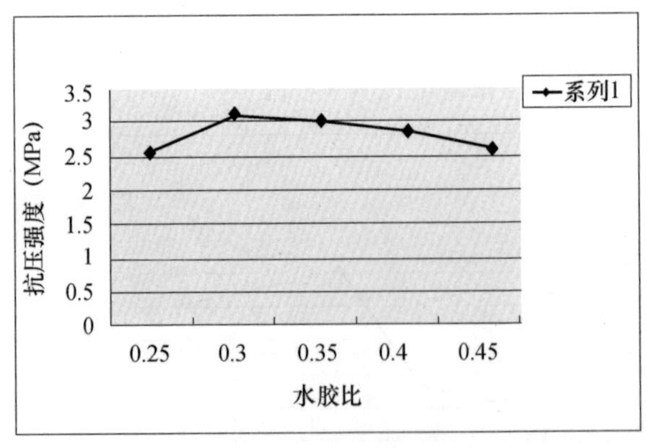

图7-7　水胶比对地聚物胶凝材料性能的影响

拜耳法赤泥的矿物组成主要以水化石榴石、水合铝硅酸钠、赤铁矿、钙钛矿、一水硬铝石形式存在，在自然环境中是一类稳定的铝硅酸盐矿物，不显示水化胶凝特性。在一定温度条件下煅烧，拜耳法赤泥中的水合铝硅酸盐矿物发生脱水而变异，使Al的配位数从6变成4或5，原来的有序结构变成无序的亚稳定结构，从而具有活性。煅烧过程中的铝硅酸盐所发生的变化如下式：

$$2\ (Si_2O_5,\ Al_2\ (OH)_4) \longrightarrow 2\ (Si_2O_5,\ Al_2O_2)_n + 4H_2O$$

如图 7-8 所示，根据实验得到的最佳掺量、模数、水胶比和煅烧时间均为 30min，测试不同煅烧温度对地聚物胶凝材料性能的影响，结果表明：

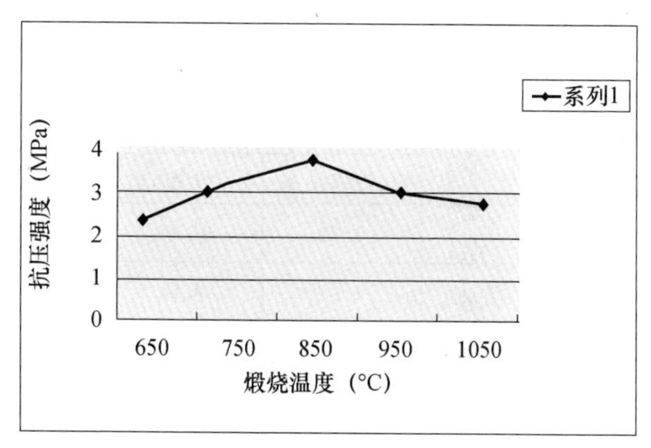

图 7-8　煅烧赤泥对地聚物胶凝材料性能的影响

（1）在 650～750℃区间，赤泥中的游离水、结晶水、平衡水和结构水均能全部脱出，赤泥中的铝硅酸盐结构开始发生变异，活性质点产生，但因温度推动力较低，断键数目少，活性发挥差异不明显；

（2）当温度为 850℃时，赤泥活性发生显著变化，在这个温度下铝硅酸盐的矿物结构变异导致大量 Si—O 键和 Al—O 键断裂，活性质点大量产生，活性容易被激发而显示出较好的力学性能。

（3）当温度为 950～1050℃时，胶凝材料力学性能呈下降趋势，主要原因是赤泥中含有大量的碱金属氧化物，起到强烈的熔剂化作用，使新生的无定形硅铝发生烧结；同时在这一温度条件下，无定形矿物发生重结晶，生成稳定的莫来石、方石英、氧化铝的趋势加强，导致赤泥活性降低。

7.4　赤泥地聚物耐火性能

试验中未活化赤泥和活化赤泥的最佳配比见表 7-8、表 7-9。

表 7-8　上述试验中未活化赤泥的最佳配比

模数	掺量	水胶比	养护时间
1.2	6∶1	0.3	7d

表 7-9　上述试验中活化赤泥的最佳配比

模数	掺量	水胶比	温度	养护时间
1.2	6∶1	0.3	850℃	7d

在不同时间和不同温度下试样的灼烧强度损失与灼烧质量损失见表 7-10、表 7-11。

表 7-10　在不同时间和不同温度下试样灼烧强度损失

试样	时间	温度（℃）	强度（MPa）（未活化）		强度（MPa）（活化）	
			灼烧前	灼烧后	灼烧前	灼烧后
4cm×3cm×16cm 尺寸试模	15min	650	1.21	10.60	2.33	24.82
		850	1.24	9.25	2.36	17.00
		1050	1.23	8.69	2.32	16.63
	30min	650	1.23	9.91	2.31	16.61
		850	1.26	8.89	2.34	13.96
		1050	1.21	7.50	2.32	13.87
	1h	650	1.20	6.08	2.30	13.31
		850	1.25	5.22	2.34	12.88
		1050	1.23	4.89	2.33	12.83

表 7-11　在不同时间和不同温度下试样灼烧质量损失

试样	时间	温度（℃）	质量（g）（未活化）		质量损失（%）	质量（g）（活化）		质量损失（%）
			灼烧前	灼烧后		灼烧前	灼烧后	
4cm×3cm×16cm 尺寸试模	15min	650	436.5	324.7	25.6%	427.8	327.9	23.3%
		850	400.1	309.5	29.7%	461.6	352.1	23.7%
		1050	426.3	299.0	29.8%	439.8	333.8	24.1%
	30min	650	438.7	319.5	27.2%	470.2	360.1	23.4%
		850	377.6	264.9	29.8%	472.1	359.4	23.9%
		1050	402.8	280.2	30.4%	451.4	341.3	24.4%
	1h	650	441.6	319.2	27.7%	428.5	327.1	23.7%
		850	440.7	280.5	30.0%	444.9	337.6	24.1%
		1050	448.2	311.1	30.5%	442.7	327.6	25.9%

煅烧试样选用最佳掺量配比 6∶1、水玻璃模数 1.2、水胶比 0.3 并按照实验

流程制备。养护7d的试样在不同温度下进行煅烧，随炉自冷后测定试样的抗压强度，如图7-9、图7-10所示。

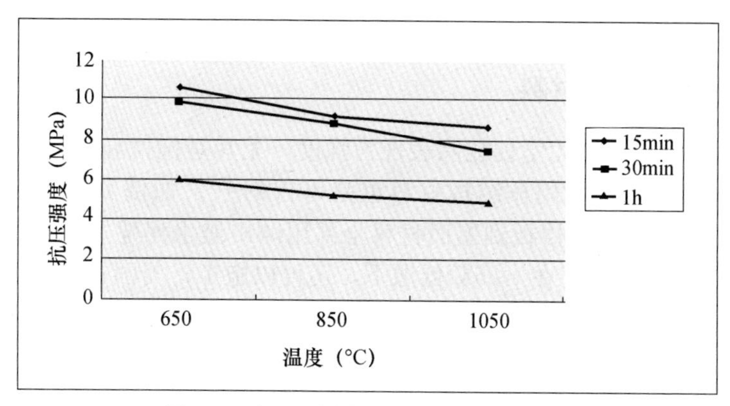

图7-9　赤泥试样高温煅烧后的抗压强度

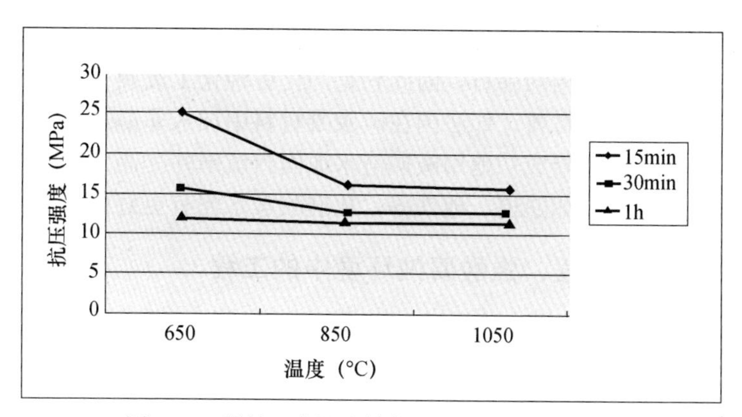

图7-10　预处理赤泥试样高温煅烧后的抗压强度

从图7-9中可以看出，随着煅烧温度的提高，试样的抗压强度降低；随着煅烧时间的延长，试样的抗压强度下降明显，特别是煅烧时间从30min延长到1h的梯度内，试样的强度下降较大。图7-10与图7-9具有明显的差异，从图7-10中可以得出，试样的抗压强度850℃以上较高温度下，短时间内降低较大。在650℃左右，试样在短时间内降低幅度较小。但从图7-10中得到，赤泥基无机聚合物试样能够耐较高温度的煅烧。

在图7-9和图7-10中，试样在煅烧后，强度都比自然养护条件下的试样的抗压强度提高很多，主要原因是拌合水起到均匀分散物料的作用，在进行缩聚的过程中，水不参与反应过程，过多的水分反而会溶解参与反应的碱金属氧化物阻碍了反应的迅速进行。在煅烧的过程中水分迅速蒸发，碱金属活性得到提高后与无定形物相的缩聚速度提高，形成更加致密的网格结构。

7.5 赤泥聚合物应用

7.5.1 用于高强度材料

赤泥碱胶凝材料的力学性能除表现为强度，尤其是抗拉和抗弯强度很高外，弹性模量也很高，将它用作结构材料也是可行的[12]。如俄罗斯列别茨克市于1989年从基础、墙体、楼板到屋面材料全部用碱矿渣水泥建了一栋大楼，建筑面积达5105.2m^2。即使在－25℃低温下，还可以施工；美国在20世纪70年代末用碱激发火山灰胶凝材料，用于军事工程（快速修路、建临时机场等），修的机场跑道，1h可以步行，4h可以通车，6h可以飞机起降。

7.5.2 用于封固材料

由于赤泥碱胶凝材料不仅强度高，且致密性好，同时有的材料硬化后固体中还含有三维网状笼形结构的沸石，因此它是固化各种化工废料、固封有毒金属离子及核放射元素的有效材料。如法国在碱胶凝材料中加入非晶态金属纤维制造了核废料容器。波兰曾报导成功地用碱矿渣水泥固封硫磺井。高致密性的水泥混凝土更可用于地下工程，如隧道、地铁等，比硅酸盐水泥有更好的效果[13]。

7.5.3 用于海水工程、强酸腐蚀环境中的工程

这是赤泥碱胶凝材料十分独特之处，由于它耐腐蚀性能好，可用于海港建筑、码头、某些化工厂的储罐等[14]。在乌克兰曾用碱矿渣水泥建筑了敖德萨海港等，我国胡恒等用碱性矿渣粉煤灰水泥混凝土建筑硫酸池，还用于淮河治理工程的排水管，使用两年后，外观良好，其中钢筋完好，耐腐蚀系数为0.88，硅酸盐水泥制得的管子外观则严重腐蚀，钢筋腐蚀严重，耐腐蚀系数仅为0.25。

7.5.4 用于耐高温涂料工程

涂料中含有一定量的H^+，H^+可与金属底材起反应，形成反应型附着，能增强涂料的附着性能和耐冲刷性能[15]。基于地质聚合物反应机理，以磷酸激发赤泥和偏高岭土混合基料，利用铝氧四面体［AlO_4］、硅氧四面体［SiO_4］和磷氧四面体［PO_4］反应生成无定形三维网格结构的新型胶凝材料，从而在底材表面形成致密的防护涂层，对底材起到有效的防护。

少量过量的磷酸与钢板起反应，钢板上的Fe^{2+}与浆体中的硅氧四面体［SiO_4］和磷氧四面体［PO_4］也反应生成无定形三维网格结构[6]，也有良好的附着性能和耐冲刷性能。当$m_{(赤泥)}:m_{(磷酸)}:m_{(水)}=5:5:2$时，耐高温涂料的附着性能最好，且涂料的黏稠度最佳。赤泥基地质聚合物涂料在500℃和600℃高

温煅烧后除因氧化颜色变淡外基本无变化，表面平整，无鼓泡、脱落现象。赤泥聚合物涂料在 800～1000℃高温煅烧后，表面无鼓起或剥落现象，附着性能良好。酸雨的 pH 值一般为 4.0～5.5，而赤泥基地质聚合物涂料至少能耐 pH 值≥2 的酸液的侵蚀，所以完全可以作为外墙涂料应用于普通建筑物[16]。

由图 7-11 可以看出，在 20min 内涂有涂料层的石棉网 B 每个时间段测得的温度均低于未涂有涂料的石棉网 A 所测得的温度，隔热效果达 50％左右，这说明赤泥基地质聚合物涂料具有良好的隔热性能[15]。

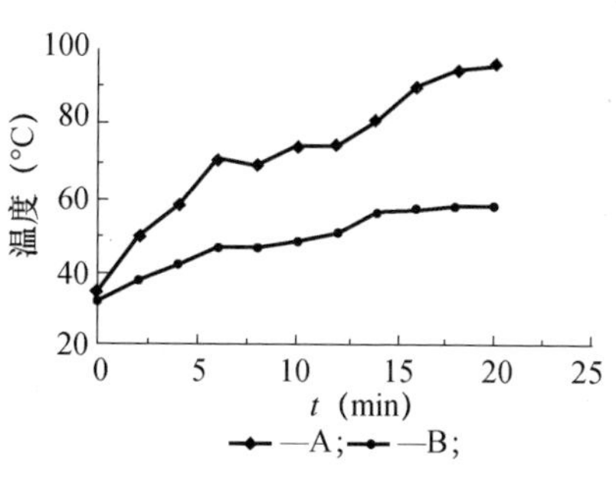

图 7-11　涂料隔热性能对比图

7.5.5　用于其他方面

清华大学在八五攻关项目中曾用碱胶凝材料做成内燃机排气管的外包隔热套，它不仅耐高温，导热系数相当于轻质黏土砖，为 0.24～0.38W/（m·K)。华南理工大学成功地用碱碳酸盐材料做了灌浆料。乌克兰则用水玻璃—偏高岭石—硅灰的混合料制备了铸造用的模型和型芯。这种铸造材料无毒，铸造表面光滑，可以再生，优于目前所用的有机和无机铸造材料[17]。

参考文献

[1] 闫军．碱激发赤泥胶凝材料的探索研究[J]. 轻金属，2011(51)：147-151.

[2] 张鹏，张文生，韦江雄，等．养护温度对赤泥-矿渣碱激发胶凝材料强度和水化产物的影响[J]. 新型建筑材料，2017(10)：10-13.

[3] Lemougnanp，Madiba，Kamseue. Influence of the processing temperature on the compressive strength of Na activated lateritic soil for building applications[J]. Construction and Building Materials，2014(65)：60-66.

[4] 张书政，龚克成．地聚物[J]. 材料科学与工程学报，2003，21(3)：433-434.

[5] 郑娟荣，覃维祖．地聚物材料的研究进展[J]. 新型建筑材料，2002(4)：11-12.

[6] 刘乐平．磷酸基地质聚合物反应机理与应用研究[D]. 南宁：广西大学，2012.

[7] Dimas D D，Ginnopou lou I，Panias D. Utilization of alumina red mud for synthesis of inorganic polymeric materials[J]. Mineral Process. Extract. Metall. Rev. 2009(30)：211-239.

[8] 曹瑛，李卫东．工业废渣赤泥的特性及回收利用现状[J]. 硅酸盐通报，2007，26(1)：143-145.

[9] Ng T S，Voo Y L，Foster S J. Sustainability with ultra-high performance and geopolymer concrete construction[J]. Innovative Mater Tech Concr Constr，2016：81-100.

[10] 付凌雁，张召述．拜耳法赤泥活化制备碱激发胶凝材料的研究[D]. 昆明：昆明理工大

学，2007.

[11] Somna K，Jaturapitakkul C，Kajitvichyanukul P. NaOH-activated ground fly ash geopolymer curedatambient temperature[J]. Fuel，2011：2118-2124.

[12] 范飞林，许金余，李为民，等．地质聚合物混凝土的制备及工程应用前景[A]. 范飞林．第一届全国工程安全与防护学术会议[C]，2008.

[13] Bernal A，Provis J L，Volker R，et al. Evolution of binder structure in sodium silicate-activated slag-metakaolin blends[J]. Cem Concr Compos，2015(33)：46-54.

[14] Klauber C，Grafe M，Power G. Bauxite residue issues：Ⅱ. Options for residue utilization[J]. Hydrometallurgy，2014：11-32.

[15] 文柏衡，王志强．耐高温无机抗冲刷涂料的研制[J]. 现代涂料与涂装，2015，18(3)：30-32.

[16] 郭昌明，陈鹏，王伊典，等．环保耐高温赤泥基地质聚合物涂料的制备与性能评价[J]. 涂料工业，2017(9)：41-46.

[17] 孔德玉，张俊芝，倪彤元，等．碱激发胶凝材料及混凝土研究进展[J]. 硅酸盐学报，2009，37(1)：152-153.

第 8 章　赤泥环保材料

赤泥 90%以上颗粒的粒径为 50～75μm，其具有颗粒微细、分散性较好的特点。赤泥颗粒比表面积为 64.09～186.9m^2/g，具有比表面积大、表面活性高、吸附能力强的特点。赤泥内部为多孔结构，孔隙率为 2.53～2.95，具有优良的吸附能力和阳离子交换能力。赤泥附液含碱 2～3g/L，pH 值可达 13～14。赤泥作为环保材料的原料使用，主要集中在利用赤泥做土壤改良剂和处理废水、废气等方面。

8.1　赤泥改良剂

8.1.1　赤泥修复剂

当前，许多有害物质造成大面积土壤污染，特别是重金属离子随污水灌溉、固体废弃物堆放、大气沉降、汽车尾气排放、农药化肥等多种途径进入土壤系统，造成土壤中重金属严重超标，土壤污染已经成为一个世界性环境问题。重金属一般具有毒性、迁移性、难修复等特点，农田土壤一旦遭受重金属污染后会引发诸多问题，如影响植物生长发育及产量、降低土壤肥力、危害土壤动物、影响微生物群落结果及造成人体健康风险等。我国对土壤重金属污染修复的思路已由原来的削减重金属总量改为降低重金属有效性及生物活性来控制污染风险。重金属原位固定被认为是较好的修复方法之一。这种修复方法是通过向污染土壤中加入化学添加剂，减轻重金属对作物的危害或降低重金属的迁移性，降低污染物对植物的有效性，从而减少污染物向植物的迁移。

赤泥富含附着碱，pH 值很高，加入赤泥的土壤 pH 值上升后可以使镉、铅、锌等元素形成金属氢氧化物或碳酸盐沉淀，以提高碳酸盐态重金属含量，间接降低土壤中可交换态的重金属含量，从而使得重金属离子原位固定。赤泥富含铁铝氧化物，与重金属离子相比，这些成分都含有较高的表面活性位点，使重金属离子可结合其上并被固定，形成铁铝氧化物络合态重金属从而不易被植物所吸收。赤泥富含水合硅酸盐矿物钠硅渣，钠硅渣具有优良的阳离子交换能力，使得赤泥硅酸盐矿物通过与重金属离子交换形成溶解度低的硅酸盐沉淀或对其进行表面吸附来降低其生物有效性。

国外学者 E. Lombi[1]研究认为，向土壤中添加 2%的赤泥可以有效降低土壤

中 Cu^{2+}、Zn^{2+}、Pb^{2+} 等的离子活性，可显著降低大豆、小麦和生菜中的 Cd 和 Zn 的含量，表现出良好的重金属固定性能；同时可提高土壤中溶解性有机碳含量和离子交换容量，促进植物和微生物的生长。国内学者高卫国[2]研究了添加赤泥及堆肥对土壤中 Zn 和 Cd 生物有效性的影响，认为单独添加赤泥或堆肥均可以增加土壤中高铁锰氧化物结合态的 Zn/Cd 和有机结合态 Zn/Cd 的比例，从而使交换态及生物有效态 Zn/Cd 的比例降低。而当赤泥与堆肥复合应用时，对土壤中 Zn 和 Cd 的固定效果更为明显。国外学者 Matteo Garau[3]研究了赤泥、沸石和石灰对土壤中重金属固定化以及对可培养微生物种群和酶活性的影响，结果显示赤泥是减少金属移动性的最有效的固定剂，同时能促进土壤细菌丰度和土壤酶活性，使可培养细菌种群从革兰阳性到革兰阴性形式的转变。Garau 还研究评估了赤泥固定砷的效率以及在赤泥添加后 2 年的亚酸性土壤理化性质和微生物特性，得出赤泥的添加引起了 pH 值升高，总有机碳显著下降，水溶性碳显著增加，与对照样相比，不可提取态砷含量显著增加了 300％以上，同时显著增加了微生物丰度和脱氢酶、脲酶活性，对土壤结构的影响较大，也通过 Biolog 群落水平的生理剖面评价发现对微生物群落产生了显著影响。国内学者刘艳[4]通过改性赤泥基颗粒对模拟铅锌矿区污染土壤的修复进行研究发现，添加适量赤泥颗粒可以促进作物生长，还可以抑制农作物对土壤中铅的吸收。通过赤泥和堆肥及赤泥堆肥协同作用，应用于农业土壤修复并进行对比分析，研究表明赤泥与堆肥共同作用可导致土壤微生物含量增加，同时降低土壤中重金属含量的生态风险。

赤泥具有不改变土壤理化性质、不易引起二次污染的特点，并且硅也是植物所需的营养元素，对土壤重金属的修复作用机理有物理吸附、离子交换、配位反应以及共沉淀等过程[5]。同时赤泥硅酸盐矿物一般具有高比表面积，有较高的吸附容量可吸附重金属离子；其层间离子也可与重金属离子发生交换反应；某些硅酸盐类物质自身溶解可产生阴离子，与土壤中的重金属离子形成共沉淀产物，此硅酸盐类矿物质阴离子基团也可与其发生配位反应；从而达到固定重金属的目的。

8.1.2　土壤改良剂

我国南方分布着大面积的酸性土壤，同时这些地区也是我国主要的酸雨发生区。近年来，随着工业的发展，冯宗炜[6]认为酸雨的频度和强度也进一步加大，从而加重了该地区土壤的酸化和 Al 对植物的毒害。由于赤泥具有比表面积大、碱金属含量高且呈强碱性的特点。国外学者 Klauber[7]认为赤泥具有的强碱性可中和酸性土壤，作为土壤的酸碱改性剂。例如酸性硫酸盐土是一种 pH 值很低（通常小于 3.5）的退化土壤，其金属溶解度及重金属含量很高，会对周围生态环境造成极大危害，通过加入赤泥，就可以改善土壤退化程度。国内学者李九玉[8]通过赤泥增大土壤的 pH 值而降低土壤溶液中单核 Al、聚合 Al 以及总可溶性 Al 的数量，毒性和非毒性形态的单核 Al 均降低；而且增加了土壤的交换性

Ca，并不同程度地增加了土壤的交换性 Mg、K 和 Na。国外学者 Maddocks[9] 根据盆栽试验研究发现，当赤泥用于处理矿区酸性硫酸盐土时，赤泥能够中和土中的酸性物质，并对可溶性铝和重金属具有较强的固定能力，能够提高植株的生物量，且利用赤泥改良的效果明显优于污泥处理的效果。

8.2　赤泥吸附剂

8.2.1　有机物吸附剂

国外学者 Souza[10] 认为赤泥具有多孔性，其经过改性处理后可对多种有机物大分子实现吸附。国外学者 Wang Geun Shim[11] 通过酸改性和焙烧改性的方法处理赤泥制备催化剂，并对改性后赤泥处理苯酚的效果进行研究，研究表明通过盐酸处理后的催化剂具有较好的活性，当改性液 pH 值为 8 时，改性催化剂具有最佳的活性。国外学者 Tor[12] 利用酸活化赤泥吸附纺织染料废水中的刚果红染料以及苯酚取得较好效果；国外学者 Silva[13] 利用赤泥去除了纺织业废水中的染料并用 Fenton 试剂进行降解；学者 Qi[14] 利用氯化镁/赤泥体系去除溶液中的染料并将其效果与聚铝（PAC）/NaOH 体系的效果进行对比，利用化学活化及热活化法改性的赤泥去除亚甲基蓝取得较好效果；国外学者 Ratnamala[15] 利用活化赤泥去除了活性亮蓝等。姚珺[16] 将赤泥进行焙烧、酸浸活化后用于吸附亚甲基蓝，在最佳吸附条件下吸附 40min，亚甲基蓝吸附率为 80.63%。

8.2.2　赤泥污水处理剂

赤泥中富含 Fe、Al、Ca、Na 等多种金属氧化物及以钠硅渣为主的水合硅酸盐成分，可以对各种离子污染物起吸附作用。通过对赤泥进行二次活化和处理，避免对水体造成二次污染，并增强其对污染物的吸附能力。

8.2.2.1　阳离子吸附剂

目前，广泛应用的重金属吸附剂为活性炭，但其成本高、回收利用困难且对金属离子的选择性吸附能力较低。学者幸卫鹏[17] 认为赤泥由于氧化物矿物的表面对重金属具有较强的反应活性，对水体中的 Cu^{2+}、Pb^{2+}、Zn^{2+}、Ni^{2+}、Cr^{6+}、Cd^{2+} 等重金属离子均表现出较好的吸附作用。国外学者 Lopez[18] 等利用赤泥与硬石膏混合物加水制成的集料对重金属离子（Zn^{2+}、Cu^{2+}、Ni^{2+}、Cr^{6+}）的吸附性能进行了研究取得较好效果；国外学者 Gupta[19] 利用赤泥与硬石膏混合制备出在水溶液中稳定性好的颗粒材料，对多种重金属离子吸附性能较强，基于 Langmuir 模型最大吸附量分别为：Cu^{2+} 19.72mg/g、Zn^{2+} 12.59mg/g、Ni^{2+} 10.95mg/g、Cd^{2+} 10.57mg/g。国内学者于华通在用赤泥去除酸性矿井水中重金属的研究表明，在改性温度 500℃，改性时间 3h，反应温度 40℃，固液比 30g/L，反应时间 5h 条件下，赤泥去除矿井水中的重金属离子 Cu^{2+} 、Zn^{2+} 、As^{3+} 、Cd^{2+} 、Hg^{2+} 、Pb^{2+} 的平均效率达 94.13%；Zhu[20] 和 Gupta 利用赤泥去除水中的 Cd^{2+} 和 Zn^{2+}，取得了很好的效果。他们认为将拜耳法赤泥用 H_2O_2 处理去除其表面有机物并经热活化后，可在较宽的浓度范围内有效去除水体中的 Pb^{2+} 和 Cr^{6+} 。还通过吸附柱实验研究表明，赤泥吸附剂具有工业应用价值，废水中盐类对吸附效果无影响，可直接用浓度 1mol/L 的 HNO_3 处理吸附柱，使被吸附金属脱吸，且吸附剂可以重复使用。

8.2.2.2　阴离子吸附剂

赤泥中含有大量的金属氧化物和硅酸盐，可在其表面生成具有一定官能团的结构，通过配体交换以及表面沉淀作用去除特定的阴离子，国内外有众多学者研究发现原状或改性后的赤泥可对水体中的阴离子污染物，如 AsO_4^{3-} 、AsO_3^{3-} 、F^- 、NO^{3-} 、PO_4^{3-} ，表现出一定的去除特性。国外学者 Cengeloglu[21] 用 HCl 对赤泥进行活化，实验结果表明活化后的赤泥对水体中氟离子的去除率达 82%；Techow[22] 在用赤泥去除 HF、AlF_3、碳氟化合物的研究表明，含碱液的赤泥浆能够有效沉淀溶液中的氟离子，使得溶液显中性，从而降低氟含量。Pradhan[23] 和李燕中[24] 利用赤泥去除废水中的磷，均取得了较好的效果。学者 Altundoğan[25] 用热处理和酸处理技术活化赤泥，结果发现 HCl 酸活化赤泥对水体中的 As 有较好的吸附作用，当水体中 As 浓度为 10mg/L，赤泥投加量 20g/L 时，在 25℃下经 1h 吸附反应可对As（Ⅴ）的除去率达到 96.52%，对 As（Ⅲ）的除去率为 87.54%。国内学者潘嘉芬[26] 以拜耳法赤泥、煤矸石等为原料制备陶粒，陶粒滤料经涂铁、涂铝改性后用于吸附废水中氟离子；曾佳佳[27] 以拜耳法赤泥为原料，通过焙烧改性赤泥，用于吸附含铬废水中 Cr^{6+} ，去除率可达 97.63%。

赤泥碱金属含量高可实现对水体中磷酸根的有效去除，碱金属和磷酸根生成不溶性沉淀，赤泥钠硅渣中的活性 Al_2O_3 在一定 pH 值下还可以发生羟基化反应，对水中的磷产生吸附凝聚的作用。赤泥中的碱金属离子水中能够发生电离作用，对磷可以通过离子交换反应而固化。国外学者 Pradhan[23] 研究表明将赤泥先进行改性，得到的活化赤泥具有更大的比表面积，对水中各种离子有更好的吸附效果。如将赤泥置于浓度为 20% 的盐酸溶液中回流加入浓氨水，将沉淀水洗至无 NH_4^+ 后在 110℃烘干，制成活化赤泥，测试结果表明活化赤泥的比表面积远远大于原态赤泥。将这种活化赤泥在室温时，以 2g/L 的量投加到 PO_4^{3-} 浓度范围在 30～100mg/L 的溶液中，PO_4^{3-} 的去除率高达 90%。王春丽[28] 将活化处理后的赤泥，分别以粉煤灰、皂土和碳酸氢钠为激发剂、胶黏剂和发泡剂配置赤泥颗粒除磷，磷的去除率可达 83.7%。

8.2.2.3　赤泥混凝剂

国外学者 Poulin[29] 研究利用 H_2SO_4 和 NaCl 改性赤泥制备混凝剂，工艺流程如下：向赤泥中加入 H_2SO_4 和 NaCl，经混和、加热、过滤后，取过滤上清液与过滤残渣脱水后的溶出液，蒸发干燥即可得混凝剂。这种赤泥混凝剂的最佳制备条件为：每吨赤泥（固体量 20%）用 1765kg H_2SO_4 和 469kg NaCl 在 110℃下处理 2h。分析所制得的混凝剂可以回收赤泥中 75%的 Fe 和 74%的 Al，每吨赤泥中 Fe 和 Al 混凝剂的制备效率分别为 222kg 和 78.9kg。利用 X 射线衍射进行分析，这种混凝剂主要由 NaFe（SO_4）、$NaHSO_4$ 和 Al_5Cl_3（OH）$_{12}$ · $2H_2O$ 组成，中试试验证明，该混凝剂对磷的去除能力与明矾、硫酸铁和氯化铁等无机混凝剂相当。国外有学者利用赤泥和聚氯化铝半成品制备赤泥-聚氯化铝混凝剂，最佳制备条件为向 1L 聚氯化铝中加入 0.25kg 赤泥，在 800℃下反应 4h。这种方式制备的混凝剂成本低，同样对水体中的磷有较好的去除效果，去除率可达 94.9%以上[30]。研究者 Orescanin、Zhao、Wang 等利用赤泥和固体废弃物制备混凝剂发现，相对于传统的 Fe/Al 盐混凝剂，这种混凝剂具有一定的优势：其凝聚和絮凝过程可在一步完成，而不用添加助剂；处理水体的 pH 值变化基本可忽略，因此净化过程中 pH 值的测定可以省略；废水中的阳离子和阴离子可实现一步去除；赤泥混凝剂可以反复使用 5 次；在普通环境条件下，废泥渣中重金属的浸出可以忽略；运输、储存和使用过程安全。

8.2.3　赤泥废气处理剂

据中国环境监测总站报道，2016 年我国 SO_2 排放量为 33210t，NO_x 排放量为 96119t，其中工业产生的 SO_2、NO_x 排放量占总排放量的 25%以上。工业生产中产生大量酸性气体等会导致严重的大气污染，如伦敦烟雾、雾霾、酸雨等。赤泥颗粒孔隙度高、比表面积大、碱金属氧化物（如 Na_2O、CaO、Al_2O_3、Fe_2O_3、MgO 等）含量高，对酸性气体有较强的反应活性和吸附能力，可以对烟气进行治理从而达到以废治废的目的。赤泥因其强碱性具有更高的脱硫活性，对酸性废气的净化效果更为显著，可代替石灰/石灰乳进行废气处理，主要集中在利用赤泥进行脱硫、脱硝等方面。

在赤泥脱 H_2S 方面，王学谦[39]认为主要的反应机理为碳酸钠与硫化氢反应，通过生成亚硫酸钠和亚硫酸氢钠以达到脱硫效果。姜怡娇[41]认为赤泥脱硫主要是利用其中活性组分氧化铁，使 Fe_2O_3 · H_2O 与 H_2S 反应生成 Fe_2S_3，该阶段为气固相非催化反应；随后空气中的氧与 Fe_2S_3 接触生成 Fe_2O_3 与 S，该过程的不可逆性从而更好地去除 H_2S。在赤泥脱除 SO_2 方面，杨金姬[37]认为脱硫过程是在气-液-固三相间进行的物理作用与化学作用的同步作用过程，溶解态的 SO_2 等会与赤泥中大部分阳离子发生氧化还原反应。左晓琳[43]证实了赤泥中 Fe^{3+} 的存在会促进赤泥脱硫。李彬[43]通过脱硫前后赤泥物相分析，脱硫前赤泥的钙霞石、水化石榴石、铝钠硅酸盐水合物在脱硫后完全消失，脱硫后出现硫酸钙水合物与斜钠明矾等新物相，说明 Na_2O、CaO 与 Al_2O_3 在赤泥脱硫反应中起相当重要的作用。在赤泥脱 NO_2 方面与脱硫机理相似，Wang H J[31] 与 Kim[11] 等认为赤泥中钙钛矿的表面可以催化氧化 NO_x，因此钙钛矿对赤泥脱硝是有促进作用的。王悦利用赤泥的多孔结构与较大的比表面积，作为载体负载活性组分 $BaZrO_3$ 脱硝催化剂，成功地提高了氮氧化物的转化率。

国外学者 Kumar Sahu[32] 研究表明赤泥吸收 H_2S 并通过反应前后物化分析对比，发现铁氧化物选择性与 H_2S 反应将其固化，NaOH、Ca（OH）$_2$ 等碱性物质也可将 H_2S 转化为硫化物，赤泥吸附 H_2S 容量为 2.1g/100g。张家明[33] 等以烧结法赤泥和活性炭为原料，在马弗炉中热活化制备活化赤泥脱硫剂，脱硫效率可达 86.9%；舒月红[34] 等对赤泥处理铅酸蓄电池厂硫酸雾进行了研究，将赤泥在 750℃的煅烧温度下煅烧 5h 后，采用固定床动态吸附法吸附硫酸雾，硫酸雾去除率可达 95%以上。黄芳[35] 采用赤泥浆液循环喷淋脱硫，SO_2 的排出浓度达到 400mg/m^3，满足《发电厂大气污染物排放标准》（GB 13223—2011）要求。南相莉利用赤泥浆液对 SO_2 进行脱除，脱除率最高达到 93.14%。陈义[36] 采用赤泥浆液，延长脱除时间，SO_2 脱除率达到 98.5%。杨金姬[37] 利用联合法赤泥烟气湿法脱硫，脱除率可达到 98.8%。通过试验证实了赤泥代替石灰石脱硫的可行性，赤泥脱除 SO_2 的效率达 95%以上。李彬[38] 利用赤泥浆液脱硫，发现在 pH＞4 时，主要是碱性物质与 SO_2 起作用，在 pH≤4 时，主要是 Fe^{3+} 的溶出催化氧化脱硫。张永[39] 利用赤泥附液与活性炭联合去除 H_2S，脱除率达 99.85%。杨国俊[40] 利用赤泥附液脱除 SO_2，脱除率达 98%以上。姜怡娇[41] 焙烧开发赤泥脱硫剂，实现了由液相湿法脱硫向干法脱硫的转变。国外学者 Oliveira[42] 用纳米颗粒催化剂负载于赤泥的表面上，大大提高了催化剂对含硫污染气体的吸附能力。左晓琳[43] 认为赤泥附液脱硫技术已在郑州铝厂稳定运行多年，取得了良好的环境效益和社会效益。中国铝业山东分公司采用赤泥作为固硫剂，并在循环流化床锅炉上开展试验，赤泥脱硫效率可达到 75%，排放烟气中 SO_2 的浓度≤700mg/m^3，完全符合国家排放标准。

Wu J[44] 采用酸洗煅烧使赤泥改性，扩大催化剂孔隙从而获得较优的颗粒分散状态，脱硝效率超过 70%，掺杂稀土元素 Ce 脱硝效率可达到 88%。汤琦[45] 采用浸渍法负载不同的金属氧化物，预处理后的赤泥具备更强的脱硝能力。Mohapatro[46] 采用介质阻挡放电等离子体与赤泥的级联，在 400℃温度下操作，柴油机尾气中 NO_x 的去除率高达 92%。孙祥彧[47] 以赤泥为吸收剂，用 $NaClO_2$ 作为添加剂，同步脱硫脱硝。发现浓度 SO_2 高会抑制 NO_x 的去除，NO_x 的存在对 SO_2 的去除没有影响。陈千惠[48] 认为 SO_2 浓度过高时，由于 SO_2 的氧化电极电势低于 NO_x 的氧化电极电势，导致 SO_2 优先氧化，与 NO_x 产生了竞争，NO_x 的去除能力反而下降了。

其他赤泥环保材料方面，国外学者 Jones[49] 用冶炼厂原始赤泥与中和后赤泥吸收 CO_2，结果表明经过 5min 碳化后两种赤泥总碱度分别下降 85%和 89%，本质是一种赤泥除碱技术；Sahu[50]利用 CO_2 碳化后的活化赤泥进行 Zn（Ⅱ）吸附实验研究，经 CO_2 中和后的赤泥，再经高温焙烧活化后吸附 Zn（Ⅱ）容量为 14.92mg/g。

参考文献

[1] Lombi E，Hamon R E，McGrath S P，et al. Lability of Cd，Cu，and Zn in polluted soils treated with lime，beringite，and red mud and identification of a nonlabile colloidal fraction of metals using isotopic techniques[J]. Environmental Science and Technology，2003，37(5)：979-983.

[2] 高卫国，黄益宗．堆肥和腐殖酸对土壤锌铅赋存形态的影响[J]. 环境工程学报，2009(3)：549-554.

[3] Matteo Garau，Giovanni Garau，Stefania Diquattro，Pier Paolo Roggero，Paola Castaldi. Mobility，bioaccessibility and toxicity of potentially toxic elements in a contaminated soil treated with municipal solid waste compost[J]. Ecotoxicology and Environmental Safety，2019(186)：3-7.

[4] 刘艳．一种赤泥基氮磷缓控释剂及其制备方法，CN103242101A.

[5] 王洋洋．一种拜耳法赤泥改良剂及其使用方法，CN201810042951.3.

[6] 郑启伟，王效科，冯兆忠，等．臭氧和模拟酸雨对冬小麦气体交换、生长和产量的复合影响[J]. 环境科学学报，2007(9)：1542-1548.

[7] Klauber C，Grafe M，Power G. Bauxite residue issues：Ⅱ. Options for residue utilization[J]. Hydrometallurgy，2011，108(1)：11-32.

[8] 李九玉，王宁，徐仁扣．工业副产品对红壤酸度改良的研究[J]. 土壤，2009(6)：932-939.

[9] Maddocks G，Lin J，et al. Acid neutralising capacity of two different bauxite residues (red mud) and their potential applications for treating acid sulfate water and soils[J]. Australian Journal of Soil Research，2004(42)：649-657.

[10] Pinto Paula S，Lanza Giovani D，Souza Mayra N. Surface restructuring of red mud to produce $FeO_x(OH)_y$ sites and mesopores for the efficient complexation/adsorption of β-lactam antibiotics[J]. Environmental science and pollution research international，2018(03)：18-26.

[11] Jae-Wook Lee，Hyun-Chul Kang，Wang-Geun Shim，et al. Surface heterogeneity analysis of MWCNT from methane adsorption isotherms for adsorbed natural gas storage[J]. IEEE 会议论文，2006(06)：15.

[12] Ilker Akin，Gulsin Arslan，Ali Tor，Mustafa Ersoz，Yunus Cengeloglu. Arsenic(V) removal from underground water by magnetic nanoparticles synthesized from waste red mud[J]，Journal of Hazardous Materials，2012(06)：62-68.

[13] Kirill Alekseev，Vsevolod Mymrin，Monica A. Avanci，Walderson Klitzke，Washington L. E. Magalhães，Patrícia R. Silva，Rodrigo E. Catai，Dimas A. Silva，Fernando A. Ferraz，Environmentally clean construction materials from hazardous bauxite waste

red mud and spent foundry sand[J]. Construction and Building Materials，2019(229)：1-9.

[14] Qi G，Dahlberg K，et al. Strontium-doped perovskites rival platinum catalysts for treating NO_x in simulated diesel exhaust[J]. Science，2010 (5973)：1624-1627.

[15] Ratnamala Gadigayya，Mavinkattimath，Vidya，Shetty Kodialbail，et al. Simultaneous adsorption of Remazol brilliant blue and Disperse orange dyes on red mud and isotherms for the mixed dye system[J]. Environmental Science and Pollution Research，2017(10)：912-915.

[16] 姚珺，赵野，董新维．赤泥制备环境修复材料的研究[J]．工业安全与环保，2014(3)：27-30.

[17] 幸卫鹏．赤泥综合利用评述[J]．世界有色金属，2019(8)：269-270.

[18] Lopez，Nitrifying and Denitrifying Microbiological MudEncapsulated by the Sol-Gel Method [J]. Journal of Sol-Gel Science and Technology，2010(3)：47-51.

[19] Gupta V K，Ali I，Saini V K. Removal of chlorophenols from wastewater using red mud：an aluminum industry waste[J]. Environmental Science & Technology，2004(8)：69-73.

[20] Zhu F，Kong X. A review of the characterization and revegetation of bauxite residues (red mud) [J]. Environmental Science&Pollution Research，2016，23(2)：1120-1132.

[21] Ilker Akin，Gulsin Arslan，Ali Tor，et al. Arsenic(V) removal from underground water by magnetic nanoparticles synthesized from waste red mud[J]. Journal of Hazardous Materials，2012(6)：62-68.

[22] R. Quakernack，A. Pacholski，A. Techow. Ammonia volatilization and yield response of energy crops after fertilization with biogas residues in a coastal marsh of Northern Germany[J]. Agriculture，Ecosystems and Environment，2012(6)：66-74.

[23] Pradhan，Das，Thakur. Adsorption of Hexavalent Chromium from Aqueous Solution by Using Activated Red Mud[J]. Journal of colloid and interface science，1999(8)：137-141.

[24] 李燕中．使用活化赤泥去除废水中磷的研究[J]．中国高新技术企业，2007(6)：81，84.

[25] Altundoğan. 添加 NaCl 提高黄铜矿的铜提取率(英文)[J]. Journal of Central South University，2018(1)：21-28.

[26] 潘嘉芬，李梦红．拜耳法赤泥陶粒改性及吸附废水中氟离子试验[J]．有色金属(冶炼部分)，2015(2)：63-65.

[27] 曾佳佳，王东波，冯庆革，等．改性赤泥吸附废水中 Cr(Ⅵ)的研究[J]．广西大学学报(自然科学版)，2013(3)：673-678.

[28] 王春丽，吴俊奇，宋永会，等．改性赤泥颗粒吸附剂的性质及机理研究[J]．工业用水与废水，2016(1)：13-16.

[29] Édith Poulin，Jean-Francois Blais，Guy Mercier. Transformation of red mud from aluminium industry into a coagulant for wastewater treatment[J]. Hydrometallurgy，2008 (92)：16-25.

[30] Wang X，et al. Research on the basic characteristics and utilization value of the sintering process and bayer process red mud[J]. Materials Review，2011，25(22)：122-125.

[31] Wang H J，Rao R R，Giordano L，et al. Perovskites in catalysis and electrocatalysis[J]. Science，2017，358(6364)：751-756.

[32] Manoj Kumar Sahu，Raj Kishore Patel. Novel visible-light-driven cobalt loaded neutralized

red mud (Co/NRM) composite with photocatalytic activity toward methylene blue dye degradation[J], Journal of Industrial and Engineering Chemistry, 2016(40): 72-82.

[33] 张家明，王丽萍，赵雅琴，等．热活化赤泥脱硫剂的制备及其脱硫性能研究[J]. 环境工程，2018(8)：113-117.

[34] 舒月红，陈杰，方瑜，等．赤泥处理铅酸蓄电池厂硫酸雾研究[J]. 华南师范大学学报（自然科学版），2015(1)：55-59.

[35] 黄芳，李军旗，赵平源，等．拜耳赤泥脱硫工艺的应用基础研究[J]. 有色金属，2010(3)：149-151.

[36] 陈义．拜耳赤泥吸收二氧化硫的研究[D]. 贵州：贵州大学，2006.

[37] 杨金姬．赤泥用于工业烟气脱硫的实验研究[D]. 郑州：郑州大学，2012.

[38] 李彬，张宝华，宁平．赤泥资源化利用和安全处理现状与展望[J]. 化工进展，2018(2)：714-723.

[39] 张永，王学谦，宁平．吸收吸附联合法净化氧化铝厂含硫化氢废气[J]. 环境科学与技术，2006，29(7)：77-78.

[40] 杨国俊，于海燕，李威，等．赤泥脱硫的工程化试验研究[J]. 轻金属，2010(9)：26-29.

[41] 姜怡娇．赤泥脱硫剂净化低浓度硫化氢废气的试验研究[D]. 昆明：昆明理工大学，2003.

[42] Oliveira A A S, Costa D A S, Teixeira I F, et al. Gold nanopartiCles supported on modified redmud for biphasic oxidation of sulfur compounds: a synergistic effect[J]. Applied Catalysis B Environmental, 2015(162): 475-482.

[43] 左晓琳，李彬，胡学伟，等．氧化铝厂赤泥烟气脱硫的研究进展[J]. 矿冶，2017(2)：52-55.

[44] Wu J, Gong Z, Lu C, et al. Preparation and performance of modified red mud-based catalysts for selective catalytic reduction of NO_x with NH_3[J]. Catalysts, 2018 (1): 35-38.

[45] 汤琦．赤泥负载金属氧化物催化剂的制备及其脱硝性能研究[D]. 济南：济南大学，2015.

[46] Mohapatro S, Rajanikanth B S. Dielectric barrier discharge cascaded with red mud waste to enhance NO_x removal from diesel engine exhaust[J]. IEEE Transactions on Dielectrics & Electrical Insulation, 2012 (2): 641-647.

[47] 孙详彧．赤泥与高矿化度矿井废水在烟气脱硫脱硝中应用的研究[D]. 烟台：烟台大学，2016.

[48] 陈千惠．赤泥基 SCR 催化剂的制备及其脱硝性能研究[D]. 北京：北京化工大学，2017.

[49] Jones B E H, Haynes R J, Phillips I R. Addition of an organic amendment and/or residue mud to bauxite residue sand in order to improve its properties as a growth medium[J]. Journal of Environmental Management, 2011(11): 26-34.

[50] Ramesh Chandra Sahu, Rajkishore Patel, Bankim Chandra Ray. Adsorption of Zn(Ⅱ) on activated red mud: Neutralized by CO_2[J]. Desalination, 2010(6): 93-97.

附录　我国主要氧化铝项目及产能

1. 内蒙古大唐国际再生资源有限公司，氧化铝产能 20 万吨。
2. 内蒙古鑫旺再生资源有限公司，氧化铝产能 120 万吨。
3. 内蒙古蒙西鄂尔多斯铝业有限公司，氧化铝产能 20 万吨。
4. 中国铝业山东分公司，氧化铝产能 260 万吨。
5. 南山集团龙口东海氧化铝有限公司，氧化铝产能 200 万吨。
6. 山东信发华宇氧化铝有限公司，氧化铝产能 800 万吨。
7. 滨州高新铝电有限公司，氧化铝产能 800 万吨。
8. 山东鲁北海生生物有限公司，氧化铝产能 100 万吨。
9. 山东无棣齐星高科技铝材有限公司，氧化铝产能 50 万吨。
10. 滨州市沾化区汇宏新材料有限公司，氧化铝产能 400 万吨。
11. 中铝河南分公司，氧化铝产能 240 万吨。
12. 河南中美铝业有限公司，氧化铝产能 80 万吨。
13. 中铝中州公司，氧化铝产能 260 万吨。
14. 河南有色汇源铝业有限公司，氧化铝产能 80 万吨。
15. 洛阳香江万基铝业有限公司，氧化铝产能 140 万吨。
16. 河南三门峡公司，氧化铝产能 200 万吨。
17. 河南义煤集团义翔铝业公司，氧化铝产能 60 万吨。
18. 东方希望（三门峡）铝业有限公司，氧化铝产能 100 万吨。
19. 中铝山西新材料有限公司，氧化铝产能 250 万吨。
20. 山西华兴铝业有限公司，氧化铝产能 200 万吨。
21. 山西奥凯达化工有限公司，氧化铝产能 30 万吨。
22. 山西省孝义市泰兴铝镁有限公司，氧化铝产能 26 万吨。
23. 山西孝义田园化工有限公司，氧化铝产能 40 万吨。
24. 山西孝义兴安化工有限公司，氧化铝产能 280 万吨。
25. 山西信发化工有限公司，氧化铝产能 360 万吨。
26. 东方希望晋中化工有限公司，氧化铝产能 200 万吨。
27. 山西交口肥美铝业有限责任公司，氧化铝产能 240 万吨。
28. 山西柳林森泽煤铝集团有限公司，氧化铝产能 130 万吨。
29. 山西兆丰铝业有限公司，氧化铝产能 110 万吨。
30. 中电投山西铝业有限公司，氧化铝产能 280 万吨。
31. 山西亚鑫集团港源焦化有限公司，氧化铝产能 10 万吨。

32. 山西同德铝业有限公司，氧化铝产能 100 万吨。
33. 中铝兴华科技有限公司，氧化铝产能 35 万吨。
34. 山西复晟铝业有限公司，氧化铝产能 100 万吨。
35. 山西其亚铝业有限公司，氧化铝产能 240 万吨。
36. 山西信发化工有限公司，氧化铝产能 360 万吨。
37. 中铝广西分公司，氧化铝产能 250 万吨。
38. 广西信发铝电有限公司，氧化铝产能 300 万吨。
39. 广西华银铝业有限公司，氧化铝产能 200 万吨。
40. 中铝广西防城港氧化铝项目，氧化铝产能 200 万吨。
41. 广西华昇新材料有限公司，氧化铝产能 400 万吨。
42. 广西龙州新翔生态铝业有限公司，氧化铝产能 100 万吨。
43. 广西田东锦鑫化工有限公司，氧化铝产能 120 万吨。
44. 百色市靖西天桂铝业有限公司，氧化铝产能 250 万吨。
45. 贵州华锦铝业有限公司，氧化铝产能 160 万吨。
46. 贵州广铝铝业有限公司，氧化铝产能 80 万吨。
47. 中国铝业遵义氧化铝有限公司，氧化铝产能 80 万吨。
48. 贵州其亚铝业有限公司，氧化铝产能 100 万吨。
49. 务川氧化铝分公司，氧化铝产能 100 万吨。
50. 东方希望贵州氧化铝公司，氧化铝产能 320 万吨。
51. 中国铝业重庆分公司，氧化铝产能 80 万吨。
52. 重庆鼎泰拓源氧化铝开发有限公司，氧化铝产能 15 万吨。
53. 南川先峰氧化铝有限公司，氧化铝产能 80 万吨。
54. 云南文山铝业有限公司，氧化铝产能 80 万吨。
55. 中国铝业建设黄骅港氧化铝公司，氧化铝产能 400 万吨。

方案一：全尾干排

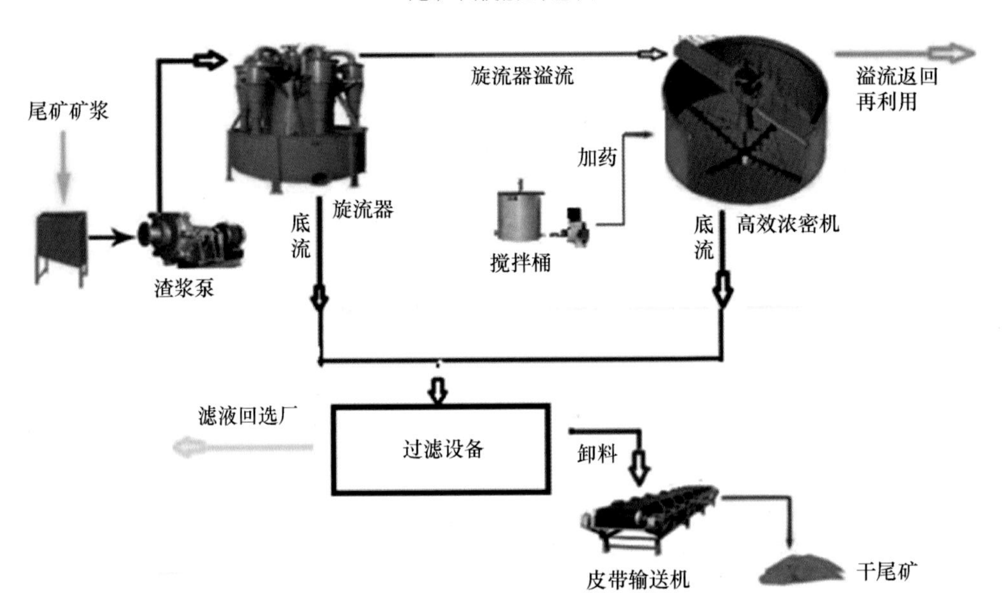

方案一：分级干排

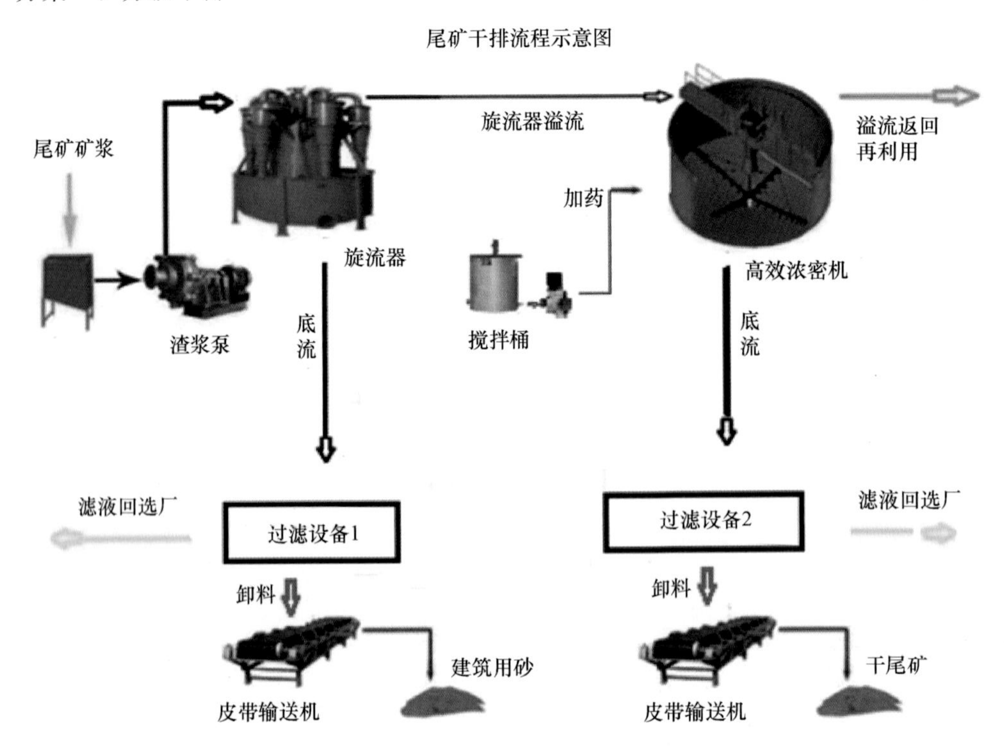

青岛核盛智能环保设备有限公司

QINGDAO HESHENG INTELLIGENT ENVIROMENTAL PROTECTION EQUIPMENT CO., LTD.

赤泥分离与洗涤新工艺

①工艺路线/PROCESS FLOW DIAGRAM

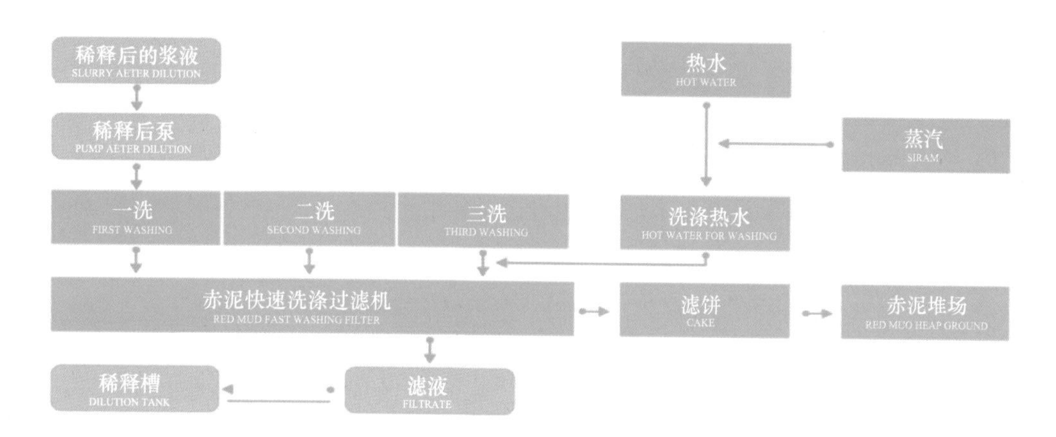

工艺特点

① 排赤泥附碱可降至：6kg/t（干赤泥）。

② 取消赤泥分离槽和洗涤槽，可节省大量工建投资且简化氧化铝流程，改善生产环境，大幅降低能耗，提高氧化铝收率。

燃煤电厂超标粉煤灰（煤化工细渣）脱灰综合利用新工艺

① 工艺路线/PROCESS FLOW DIAGRAM

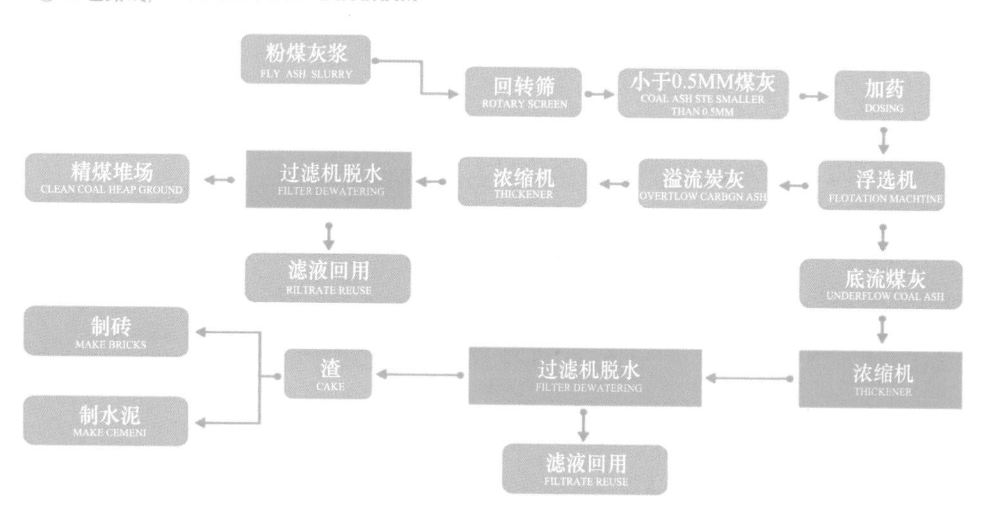

工艺特点

① 湿法生产，无粉尘污染，水闭路循环，零排放。

② 产品质量优良，有良好的经济和社会效益

青岛核盛智能环保设备有限公司

QINGDAO HESHENG INTELLIGENT ENVIROMENTAL PROTECTION EQUIPMENT CO., LTD.

尾矿干排应用现场

尾渣综合利用图片